W0224109

# E-Book inside.

Mit folgendem persönlichen Code
können Sie die E-Book-Ausgabe
dieses Buches downloaden.

69018-55x6p-
56r00-2nlt2

Registrieren Sie sich unter
**www.hanser-fachbuch.de/ebookinside**
und nutzen Sie das E-Book
auf Ihrem Rechner*, Tablet-PC
und E-Book-Reader.

Der Download dieses Buches als E-Book unterliegt gesetzlichen Bestimmungen bzw. steuerrechtlichen Regelungen, die Sie unter www.hanser-fachbuch.de/ebookinside nachlesen können.

* Systemvoraussetzungen: Internet-Verbindung und Adobe® Reader®

Joachim Drees/Conny Lang/Marita Schöps

# Praxisleitfaden Projektmanagement

Joachim Drees
Conny Lang
Marita Schöps

# Praxisleitfaden Projektmanagement

Tipps, Tools und Tricks
aus der Praxis für die Praxis

**Unter Mitarbeit von**
Bettina Hörmann, Karin Kleist,
Sandra Jörke und Josef Wissinger

2., überarbeitete Auflage

HANSER

Zu diesem Buch gehört eine CD. Sollte diese nicht beiliegen, kann sie unter fachbuch@hanser.de unentgeltlich angefordert werden.

FSC
www.fsc.org
MIX
Papier aus verantwortungsvollen Quellen
FSC® C014889

Bibliografische Information der Deutschen Nationalbibliothek

Die Deutsche Nationalbibliothek verzeichnet diese Publikation in der Deutschen Nationalbibliografie; detaillierte bibliografische Daten sind im Internet über <http://dnb.d-nb.de> abrufbar.


http://www.hanser-fachbuch.de

Lektorat: Lisa Hoffmann-Bäuml
Seitenlayout und Herstellung: Der Buch*macher*, Arthur Lenner, München
Umschlaggestaltung: Stephan Rönigk
Druck & Bindung: Friedrich Pustet, Regensburg
Printed in Germany

ISBN 978-3-446-44225-2
E-Book-ISBN 978-3-446-44169-9

# Vorwort

Erinnern Sie sich an das »Sommermärchen«, die Fußball-Weltmeisterschaft 2006 in Deutschland? Die Vorbereitung und Durchführung war ein Großprojekt, auf das die ganze Welt geblickt hat! Als Präsident des WM-Organisationskomitees konnte ich meinen Teil dazu beitragen, dass dieses Projekt ein Erfolg wurde.

Stellen Sie sich vor: Der Bau oder Umbau der Stadien, die Sicherheit von Fans und Mannschaften, das Ticketing und Public Viewing, die Medienberichterstattung, die vielen freiwilligen Helfer, die Betreuung der Sponsoren und Ehrengäste – das alles musste jemand organisieren!

Darum hat sich ein hervorragendes Projektteam gekümmert. Wir mussten sauber planen, viel arbeiten, immer alles im Blick behalten und schnell reagieren. Nur so konnte unser Projekt gelingen und die Fußball-Weltmeisterschaft zum »Sommermärchen« werden.

Dabei ist gar nichts Märchenhaftes an unserem Projekterfolg: Die Organisation der WM 2006 war solides Handwerk. Und wie jedes Handwerk können Sie auch Projektmanagement lernen! In diesem Buch finden Sie wertvolle Tipps aus der Praxis und einfache Hilfsmittel, die den Projektleiter und sein Team von Anfang an unterstützen. Damit können Sie Ihr Projekt zum Erfolg führen.

Dann machen auch Ihnen Projekte keinen Stress, sondern Spaß!

Viel Erfolg wünscht Ihnen

Franz Beckenbauer

# Inhalt

**1 Gebrauchsanleitung** ........ 1

**2 Projektdefinition** ........ 5

2.1 Projekte ........ 7

2.2 Kleine Projekte und projektähnliche Aufgaben ........ 10

**3 Projektorganisation** ........ 11

3.1 Rollen in der Projektorganisation ........ 13

3.2 Auftraggeber ........ 15

3.3 Projektleiter ........ 16

3.3.1 Kompetenzen des Projektleiters ........ 17

3.3.2 Aufgaben des Projektleiters ........ 19

3.4 Projektmitarbeiter ........ 20

3.5 Lenkungsausschuss ........ 23

3.6 Projektmentor ........ 26

**4 Projektvorbereitung** ........ 27

4.1 Projektauslöser versus Projektauftraggeber ........ 29

4.2 Auswahl des Projektleiters ........ 30

4.3 Erstellung des Projektauftrags ........ 33

4.4 Projektziele ........ 35

**5 Kickoff** ........ 39

5.1 Inhalte des Projekt-Kickoffs ........ 41

5.2 Kraftfeldanalyse ........ 43

**6 Auswahl und Steuerung von Externen** 47

6.1 Auswahl externer Partner 49

6.2 Beauftragung externer Partner 51

6.3 Steuerung externer Partner im Projekt 52

**7 Entscheidungssitzungen** 55

7.1 Vorbereitung von Entscheidungssitzungen 57

7.2 Durchführung von Entscheidungssitzungen 59

7.3 Nachbereitung von Entscheidungssitzungen 60

7.4 Erfolgskriterien für Entscheidungssitzungen 61

**8 Projektmarketing** 63

8.1 Nutzen des Projektmarketings 65

8.2 Inhalte des Projektmarketings 66

8.3 Zielgruppen 66

8.4 Kommunikationswege und Medien 68

8.5 Kommunikationsmatrix 69

8.6 Konzepterstellung 70

**9 Projektdokumentation** 71

**10 Kleine Projekte und projektähnliche Aufgaben** 77

10.1 Eindeutiger Auftrag mit klarer Zielsetzung 80

10.2 Projektleiter bzw. Steuerer 81

10.3 Kickoff und Meetings 82

10.4 Zeitliche (Grob-)Planung 83

10.5 Spielregeln 84

10.6 Jobliste 84

**11 Projektplanung** 87

11.1 Phasenplan 91

11.2 Projektstrukturplan 92

11.2.1 Top-down 95

11.2.2 Bottom-up 96

11.3 Terminplan ... 96
11.3.1 Vorwärts-/Rückwärtsplanung ... 98
11.3.2 Meilensteine ... 99
11.3.3 Softwareunterstützung bei der Planung ... 100
11.4 Ressourcen-/Kapazitätsplanung ... 101
11.5 Kostenplanung ... 103
11.5.1 Zweck der Kostenplanung ... 103
11.5.2 Vorgehen bei der Erstellung des Kostenplans ... 103
11.6 Risikoanalyse ... 104

**12 Projektsteuerung ... 107**

12.1 Steuerungskreislauf ... 112
12.1.1 Steuerung der Kosten ... 115
12.1.2 Steuerung der Zeit ... 116
12.1.3 Steuerung der Qualität/Inhalte ... 117
12.2 Steuerungsinstrumente ... 119
12.2.1 Jobliste ... 119
12.2.2 Meetingliste ... 120
12.2.3 Statusbericht ... 121
12.2.4 Decision Diary ... 122
12.3 Steuerungsprinzipien ... 123
12.3.1 Prinzip der Selbstanzeige ... 123
12.3.2 Prinzip der Frühwarnung ... 124

**13 Projektreview ... 127**

**14 Projektabschluss ... 133**

**15 Projektleitung auf den Punkt gebracht ... 137**

15.1 Grundsätze ... 139
15.2 Startphase ... 140
15.2.1 Projektvorbereitung ... 140
15.2.2 Projektrollen ... 140
15.2.3 Kickoff ... 140

15.2.4 Steuern von externen Partnern ... 141
15.2.5 Entscheidungssitzungen ... 141
15.2.6 Projektmarketing ... 142
15.2.7 Projektdokumentation ... 142
15.2.8 Kleine Projekte und projektähnliche Aufgaben ... 142

15.3 Konzeptionsphase ... 143

15.4 Realisierungsphase ... 143
15.4.1 Projektsteuerung ... 143
15.4.2 Projektreview ... 144

15.5 Projektabschluss ... 144

**Toolbox** ... 145

**Literatur** ... 235

**Index** ... 237

**Autoren** ... 239

# Kapitel 1

# Gebrauchsanleitung

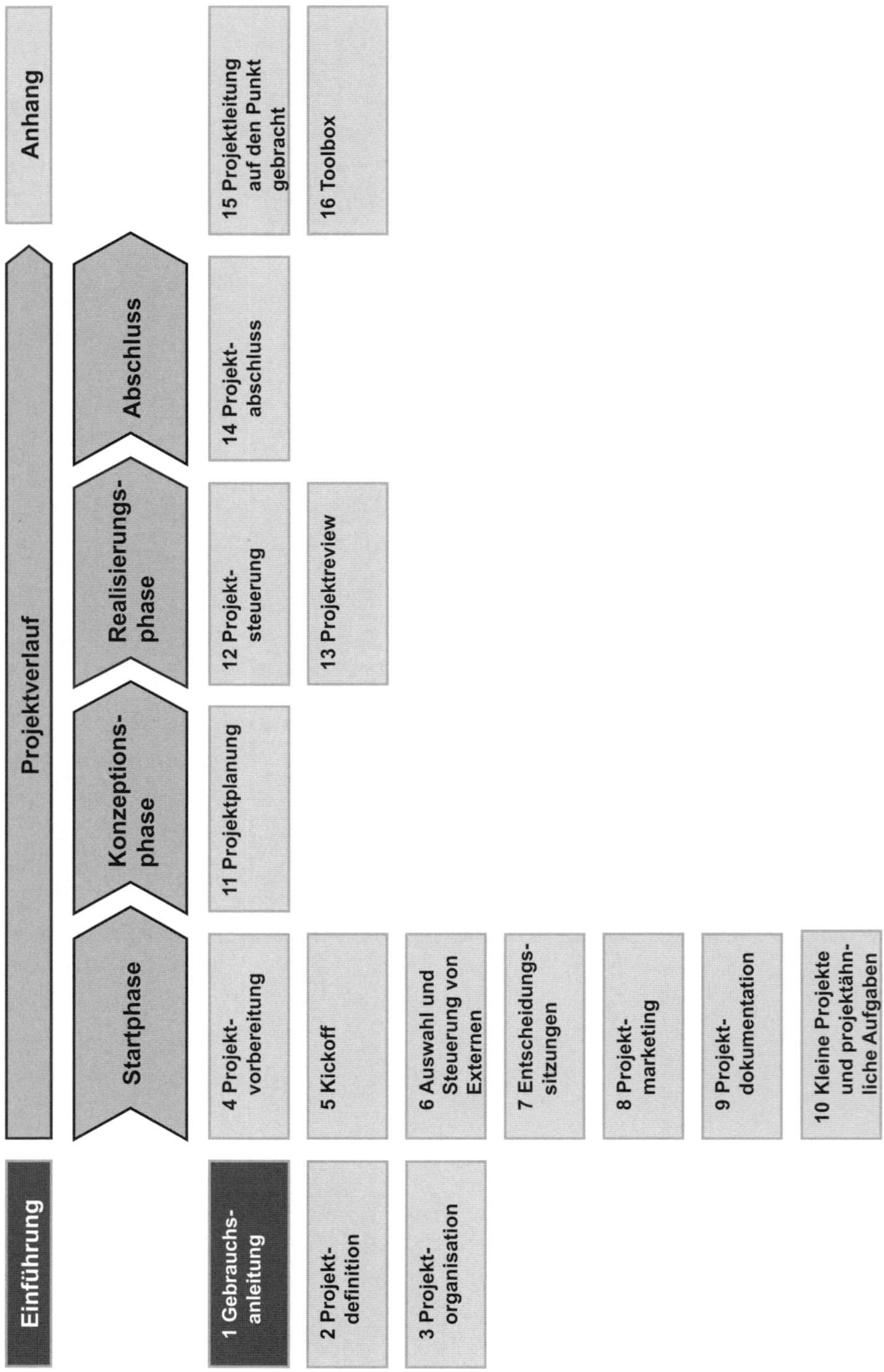
Einführung
Projektverlauf
Anhang
Startphase
Konzeptions-phase
Realisierungs-phase
Abschluss
1 Gebrauchs-anleitung
2 Projekt-definition
3 Projekt-organisation
4 Projekt-vorbereitung
5 Kickoff
6 Auswahl und Steuerung von Externen
7 Entscheidungs-sitzungen
8 Projekt-marketing
9 Projekt-dokumentation
10 Kleine Projekte und projektähnliche Aufgaben
11 Projektplanung
12 Projekt-steuerung
13 Projektreview
14 Projekt-abschluss
15 Projektleitung auf den Punkt gebracht
16 Toolbox

Was leistet der Praxisleitfaden Projektmanagement und worin liegt sein Nutzen für Sie als Leser? Die Antwort gibt der Titel des Buchs: Es ist ein praktischer Ratgeber, der Ihnen mit konkreten Tipps und einfachen Tools Schritt für Schritt den Weg durch Ihr Projekt weist.

Schritt für Schritt, das heißt: Das Buch ist besonders geeignet für Einsteiger in das Thema Projektmanagement, für Interessierte, die einen Überblick über die wesentlichen Erfolgsfaktoren der Projektsteuerung gewinnen möchten, und für Projektleiter, die schnell loslegen wollen oder müssen. Sie alle können sich mit diesem Handbuch dem Projektmanagement nähern, ohne von seiner Komplexität erschlagen zu werden. Denn das Buch ist entlang der typischen Phasen eines Projekts gegliedert. Die einzelnen Kapitel sind also Startphase, Konzeptionsphase, Realisierungsphase und Projektabschluss zugeordnet. So können Sie sich mit dem Buch in der Hand, Stück für Stück, durch Ihr eigenes Projekt arbeiten, weil Sie für jede Phase erfahren, worauf es vor allem ankommt und was konkret als erstes und jeweils nächstes zu tun ist.

Die jeweiligen Hilfsmittel dazu sind in der Toolbox anhand der Kapitelnummerierung leicht zu finden. Die beiliegende CD mit allen Vorlagen und Checklisten eignet sich besonders als Ihr mobiler Werkzeugkoffer für unterwegs! Das Buch bringt also Projektmanagement auf den Punkt, macht es verständlich und beherrschbar und kann deshalb gemeinsam mit der enthaltenen Toolbox Ihr ständiger Begleiter im Projektalltag werden.

Ein Schwerpunkt des Buchs liegt auf der frühzeitigen bewussten Steuerung des Projekts und aller Beteiligten durch den Projektleiter. Denn die aktive Führungsrolle des Projektleiters ist von zentraler Bedeutung für den Projekterfolg und muss sich von Beginn an wie ein roter Faden durch alle Phasen eines Projekts ziehen.

Unser Anspruch ist, dass die Inhalte und Hilfsmittel in diesem Leitfaden nützlich und relevant für jedes Projekt sind. Wir haben sie deshalb auf das Wesentliche, auf die unverzichtbaren, grundlegenden Voraussetzungen, auf die es für einen Projekterfolg *wirklich* ankommt, komprimiert – ganz gleich, ob es sich um die Entwicklung einer Software, die Neuordnung eines Unternehmens oder die Einführung eines neuen Produkts handelt. Sofern Ihr Projekt spezifische Vorgehensweisen und Tools erfordert, können und sollten Sie, über dieses Buch hinaus, weiterführende Nachschlagewerke hinzuziehen. Das gilt auch, wenn Sie etwa in Vorbereitung auf eine Zertifizierung im

Projektmanagement nach internationalem Standard nach einem umfassenden Nachschlagewerk für alle erdenklichen Methoden und Werkzeuge suchen oder sich einarbeiten möchten in Sonderthemen wie agile Projektsteuerung, Multiprojektmanagement oder spezielle Projektkategorien. Einige Literaturempfehlungen zu solchen weiterführenden Themen finden Sie im abschließenden Kapitel dieses Buchs.

Wir geben Ihnen, was wir selbst erfolgreich in Projekten anwenden und in Trainings vermitteln, in Form eines schlanken und leicht verständlichen Praxisleitfadens an die Hand. Die Inhalte sind für alle Leser bestimmt, die Projekte leiten, daran mitwirken und dabei Erfolge erzielen und wiederholen möchten.

# Kapitel 2 Projektdefinition

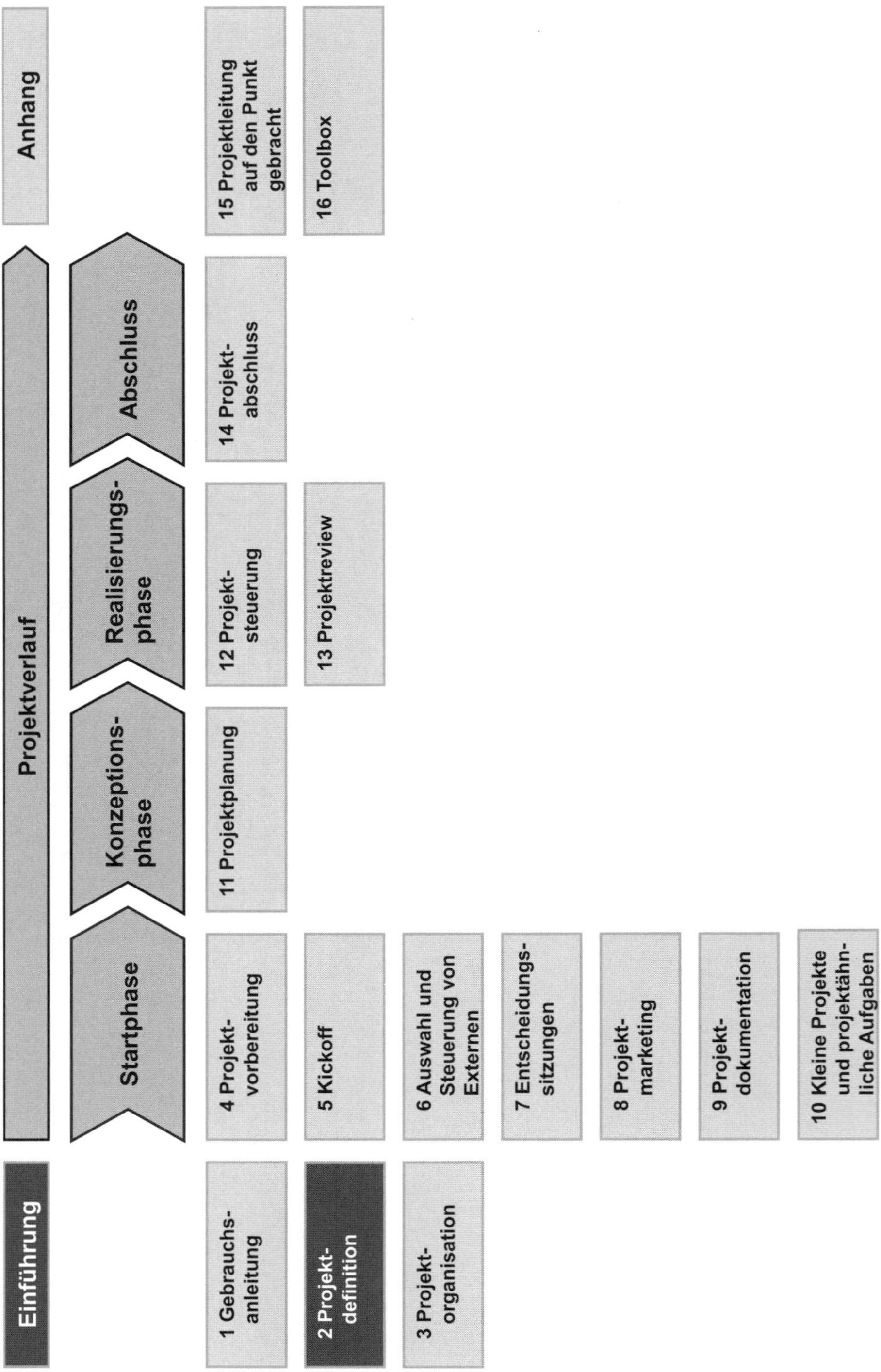
Einführung
Projektverlauf
Anhang
Startphase
Konzeptions-phase
Realisierungs-phase
Abschluss
1 Gebrauchs-anleitung
2 Projekt-definition
3 Projekt-organisation
4 Projekt-vorbereitung
5 Kickoff
6 Auswahl und Steuerung von Externen
7 Entscheidungs-sitzungen
8 Projekt-marketing
9 Projekt-dokumentation
10 Kleine Projekte und projektähn-liche Aufgaben
11 Projektplanung
12 Projekt-steuerung
13 Projektreview
14 Projekt-abschluss
15 Projektleitung auf den Punkt gebracht
16 Toolbox

## 2.1 Projekte

Für erfolgreiches Projektmanagement ist es notwendig, dass Sie wissen, wie sich ein Projekt von Routineaufgaben unterscheidet. Dafür müssen Sie verstehen, was ein Vorhaben als Projekt kennzeichnet:

**Definition:**

Projekte sind komplexe Aufgaben, für deren Lösung die Mitwirkung von Menschen aus verschiedenen Fachdisziplinen erforderlich ist. Für ein Projekt stehen nur begrenzt Zeit sowie begrenzte personelle und finanzielle Mittel zur Verfügung.

Anders ausgedrückt: Ein Vorhaben ist dann ein Projekt, wenn die in Tabelle 2.1 dargestellten Kriterien im Wesentlichen erfüllt sind.

| Geschlossene Aufgabenstellung | Begrenzte Mittel |
|---|---|
| ■ komplexes Vorhaben<br>■ definierter Anfangs- und Endtermin<br>■ eindeutige inhaltliche Zielsetzung<br>■ klare Abgrenzung zu anderen Projekten und Vorhaben | ■ zeitlich (Bearbeitungszeit)<br>■ personell (Projektmitarbeiter)<br>■ finanziell (Kosten und Investitionen) |
| **Komplexität** | **Interdisziplinäre Zusammenarbeit** |
| ■ viele thematische Schnittstellen und Zusammenhänge<br>■ vielfältige Wechselwirkungen zwischen den einzelnen Maßnahmen<br>■ nur in Teamarbeit lösbar, da verteiltes Know-how notwendig<br>■ Vielzahl potenzieller Lösungswege bzw. Herangehensweisen<br>■ Risiken, Gefahr des Scheiterns<br>■ neuartige Fragestellungen/Herausforderung | ■ Know-how aus unterschiedlichen Fachdisziplinen erforderlich<br>■ oft organisationsübergreifend, d.h. mehrere Abteilungen, Bereiche, Firmen, Standorte, Länder oder externe Partner sind beteiligt |

**Tabelle 2.1** Kriterien für ein Projekt

Es ist wichtig, dass ein Unternehmen oder der zuständige Fachbereich, die treibende Führungskraft oder eine verantwortliche Person bewusst entscheidet, welche Vorhaben als Projekte durchgeführt werden und welche als Aufgabe im normalen Tagesgeschäft. Solche normalen Tätigkeiten (Linientätigkeiten) zeichnen sich dadurch aus, dass sie in gleicher oder ähnlicher Form wiederholt zu erledigen sind. Sowohl das Ziel als auch der geeignete Weg dorthin sind bei Routinearbeiten bekannt. Im Unterschied dazu wird zu Beginn eines Projekts das Ziel klar definiert, der Lösungsweg ist zunächst aber noch offen (Bild 2.1). Aufgabe des Projektleiters ist es, mit dem Projektteam einen geeigneten Weg zum Ziel zu erarbeiten. Das unterscheidet ein Projekt übrigens auch von einem Experiment oder blindem Aktionismus.

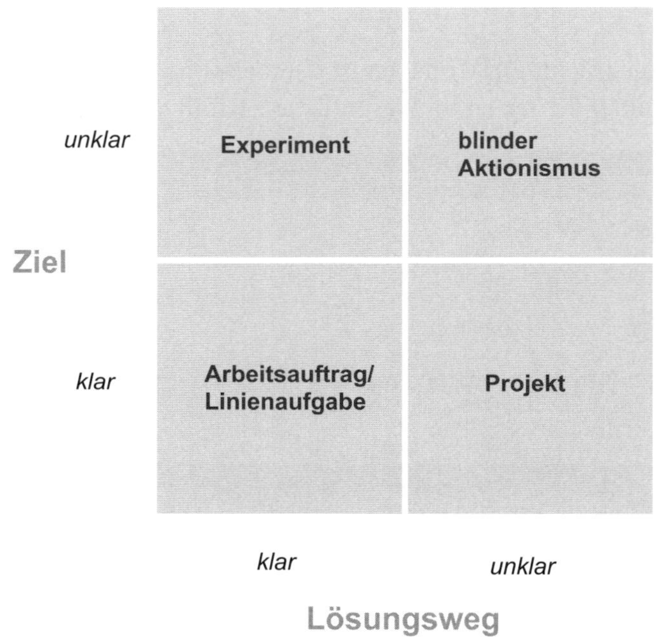


**Bild 2.1** Abgrenzung von Projekten

Ausführlicher erläutert lässt sich ein Projekt wie folgt von den anderen drei Tätigkeitsarten abgrenzen:

## Abgrenzung Arbeitsauftrag/Projekt

Der Arbeitsauftrag unterscheidet sich vom Projekt dadurch, dass neben dem Ziel auch der Lösungsweg bereits vorgegeben ist. Es existiert zum Beispiel bereits ein Umsetzungsplan, oder diese Aufgabe wurde mit einem ähnlichen Ziel bereits bearbeitet. Da der Weg bereits bekannt ist, kann es sich nicht um eine gänzlich neuartige Aufgabe handeln.

### Abgrenzung Experiment/Projekt

In einem Experiment ist bekannt, wie vorgegangen werden soll, allerdings noch nicht, was mit seiner Durchführung erreicht werden wird, welches Problem gelöst oder welches konkrete Ziel realisiert wird. Ein solches Vorgehen mag zunächst sinnlos erscheinen. In der Forschung oder Vorentwicklung jedoch kann es durchaus lohnenswert sein, etwa bekannte Verfahren auf neue Anwendungsfelder zu übertragen und zu hoffen, dass ein verwertbares Ergebnis entsteht.

### Abgrenzung blinder Aktionismus/Projekt

Blinder Aktionismus liegt dann vor, wenn weder Ziel noch Vorgehen klar sind. Einen solchen Auftrag sollte man besser ablehnen. Ein »Machen Sie mal, wird schon!« ist selten von Erfolg gekrönt und führt in vielen Fällen nur zu Frustration.

Die Matrix zur Abgrenzung von Projekten finden Sie ebenfalls in der Toolbox.

➲ *Siehe Toolbox: 2a Abgrenzung von Projekten*

Für ein Projekt wird außerhalb der bestehenden Organisation, also neben der regulären Linienhierarchie, eine Projektorganisation gestaltet. Sie besteht nur so lange, wie das Projekt dauert und setzt sich aus mindestens folgenden Einheiten zusammen:

- einem Auftraggeber,
- einem Projektleiter als dessen Auftragnehmer und
- Projektmitarbeitern, die das Projektteam bilden.

Viele Vorhaben können in Form eines Projekts realisiert werden. Wichtig ist, dass die Beteiligten bewusst entscheiden, ob ein Vorhaben als Projekt oder als Linienaufgabe umgesetzt wird, und dass diese Entscheidung nachvollziehbar ist.

## 2.2 Kleine Projekte und projektähnliche Aufgaben

Im Tagesgeschäft tauchen immer wieder Aufgabenstellungen auf, die den Kriterien von Projekten nicht oder nicht voll entsprechen, gleichzeitig aber Merkmale aufweisen, die sie zu kleinen Projekten bzw. projektähnlichen Aufgaben machen.

Je nach Aufgabenstellung ist es nicht nötig oder sinnvoll, für solche Aufgaben das gesamte Repertoire des Projektmanagements zu nutzen. Unbedingt brauchen Sie dafür aber ausgewählte Hilfsmittel und Vorgehensweisen. Erläuterungen und konkrete Vorschläge dafür finden Sie im Kapitel 10 »Kleine Projekte und projektähnliche Aufgaben«.

# Kapitel 3

# Projekt-organisation

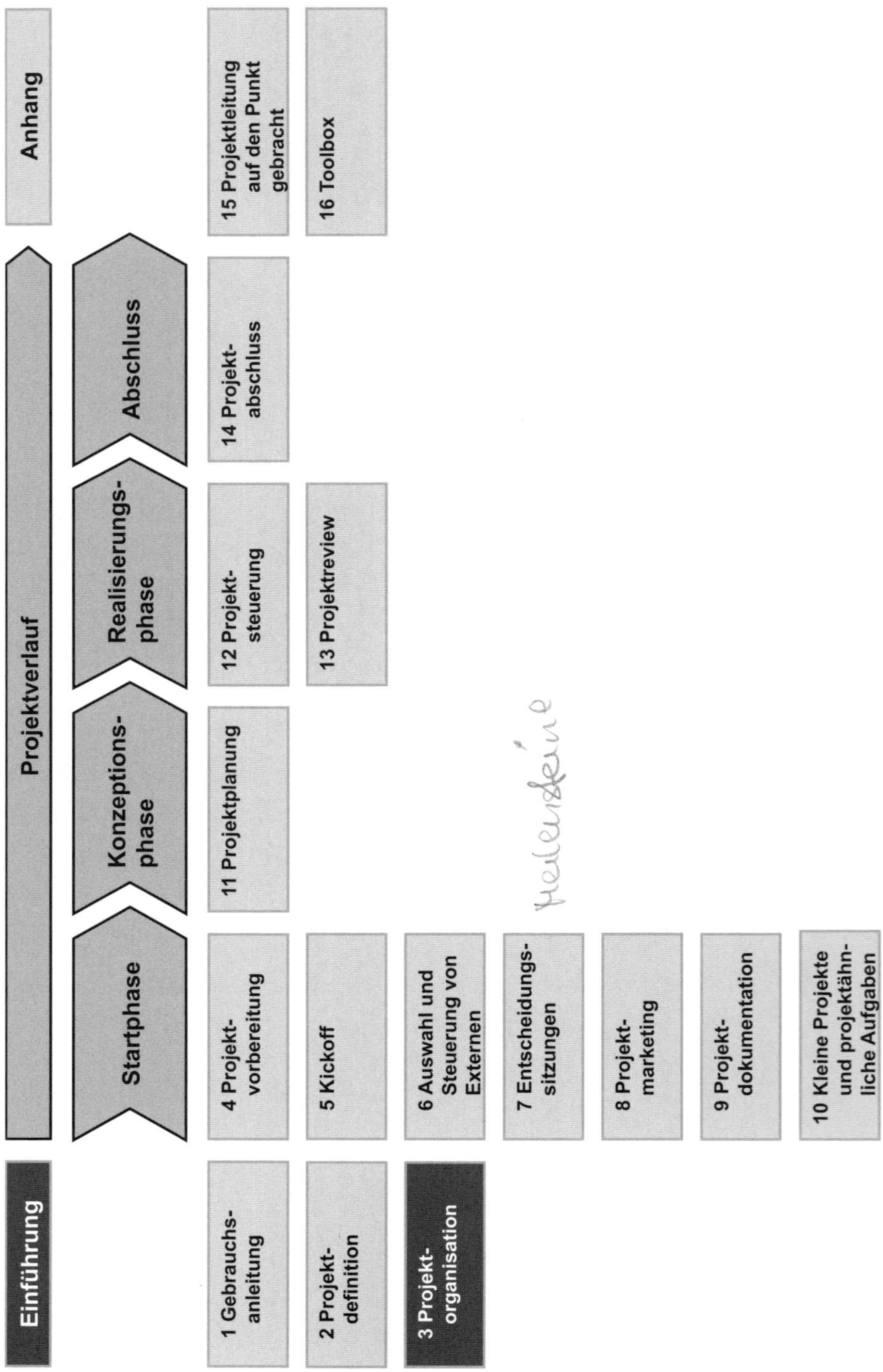
Einführung
Projektverlauf
Anhang
Startphase
Konzeptions-phase
Realisierungs-phase
Abschluss
1 Gebrauchs-anleitung
2 Projekt-definition
3 Projekt-organisation
4 Projekt-vorbereitung
5 Kickoff
6 Auswahl und Steuerung von Externen
7 Entscheidungs-sitzungen
8 Projekt-marketing
9 Projekt-dokumentation
10 Kleine Projekte und projektähn-liche Aufgaben
11 Projektplanung
12 Projekt-steuerung
13 Projektreview
14 Projekt-abschluss
15 Projektleitung auf den Punkt gebracht
16 Toolbox

Sobald entschieden wurde, dass Ihr Vorhaben als Projekt verwirklicht wird, muss die Organisation dafür definiert werden:

Ein Projekt umfasst eine zeitlich befristete Organisation mit eigenen Regeln und Rollen!

Die Projektorganisation wird bewusst außerhalb der in den meisten Unternehmen bestehenden hierarchischen Organisation (»Linienorganisation«) gebildet und muss für jedes Projekt festgelegt und nach Abschluss des Projekts auch wieder aufgelöst werden.

## 3.1 Rollen in der Projektorganisation

Grundsätzlich gilt für die Projektorganisation: so klein wie möglich und nur so groß wie unbedingt nötig!

Je schlanker die Projektorganisation ist, desto größer sind die Erfolgschancen für Ihr Projekt!

Die wichtigsten Rollen in einer Projektorganisation sind (Bild 3.1):

- Auftraggeber,
- Projektleiter,
- Projektmitarbeiter.

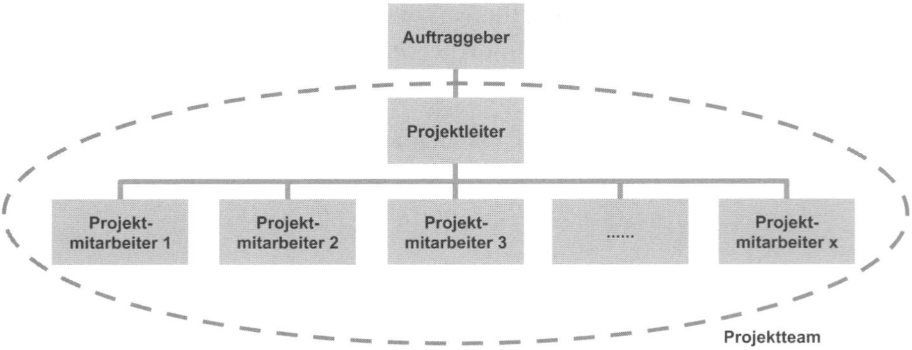


**Bild 3.1** Projektrollen

Je nach Projekt und Bedarf können für Ihr Projekt weitere Rollen sinnvoll und erforderlich sein (Bild 3.2):

- ein Lenkungsausschuss,
- ein Projektmentor,
- externe Lieferanten und/oder Dienstleister,
- weitere fachliche Experten, die vorübergehend für spezielle Aufgaben das Projektteam verstärken.

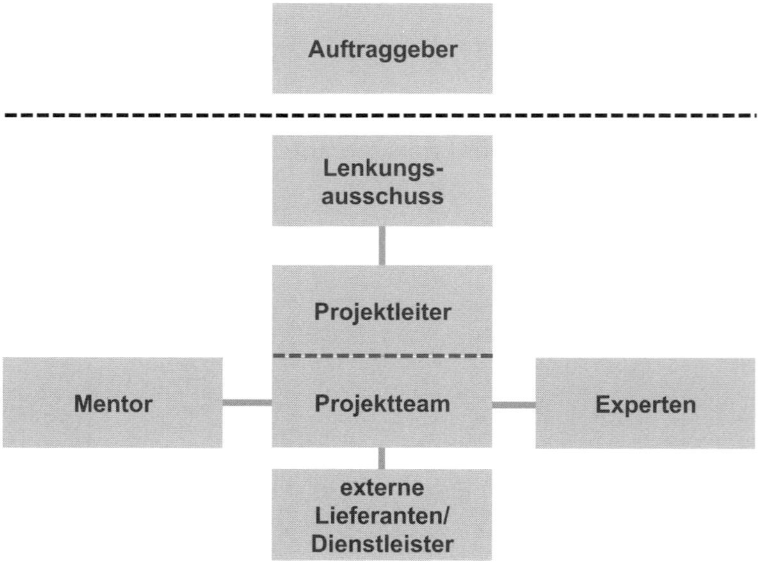


**Bild 3.2** Erweiterte Projektrollen

Schneiden Sie die Organisation also spezifisch auf Ihr Projekt zu und beachten Sie die in Tabelle 3.1 dargestellten Regeln für die Zusammenarbeit innerhalb Ihrer Projektorganisation.

| Zusammenarbeit in der Projektorganisation |
| --- |
| ▪ Das gemeinsame Projektziel hat immer Vorrang vor Einzelinteressen der Beteiligten! |
| ▪ Schwierigkeiten, egal welcher Art, werden **innerhalb** der Projektorganisation gelöst. |
| ▪ Nur wenn es keine Alternative gibt, werden auf gemeinsamen Beschluss hin andere Eskalationswege gewählt. |

**Tabelle 3.1** Grundlagen der Zusammenarbeit

## 3.2 Auftraggeber

Am Projektanfang ist die Rolle des Auftraggebers besonders wichtig.

Wer die Idee oder den Anstoß zu einem Projekt gibt, ist nicht zwangsläufig auch der Auftraggeber. Oft ist es sinnvoll, dass diese Rolle der Leiter des Fachbereichs wahrnimmt, der von dem Projekt inhaltlich am stärksten betroffen ist oder den größten Nutzen daraus zieht.

Der Auftraggeber muss dafür sorgen, dass er selbst oder ein von ihm beauftragter und somit ermächtigter Projektleiter die in Tabelle 3.2 dargestellten Pflichten erfüllt.

| Ein Auftraggeber sollte sich um nachfolgende Punkte kümmern: |
| --- |
| ▪ einen geeigneten Projektleiter finden und ernennen |
| ▪ Projekt beantragen und aufsetzen |
| ▪ Projektauftrag erarbeiten (siehe Kapitel 4 »Projektvorbereitung«) |
| ▪ alle betroffenen Abteilungen identifizieren und angemessen in das Projekt einbinden |
| ▪ gegebenenfalls Lenkungsausschussmitglieder vorschlagen |

**Tabelle 3.2** Pflichten des Auftraggebers

Je früher der Auftraggeber den Projektleiter benennt, desto mehr von diesen Aufgaben kann der Auftraggeber an ihn übertragen. Denn der Projektleiter steuert das Projekt eigenverantwortlich und führt es gemeinsam mit den Projektmitarbeitern zum Ziel.

Über Erfolg oder Misserfolg eines Projekts entscheidet maßgeblich, ob der Auftraggeber jemanden mit den richtigen Fähigkeiten als Projektleiter auswählt. Managementerfahrung, Projektmanagement-Know-how und soziale Kompetenzen sind für einen Projektleiter in jedem Fall wichtiger als detailliertes Fachwissen!

## 3.3 Projektleiter

Auf den Projektleiter kommt es an – vom Beginn bis zum Ende eines Projekts!
Der Projektleiter muss die Zügel in die Hand nehmen und das Projekt steuern und vorantreiben, sobald er benannt worden ist. Eine besonders anspruchsvolle Herausforderung, denn:

> Ein Projektleiter ist eine Führungskraft unter erschwerten Bedingungen.

Das Thema ist komplex und meist neu, was das Risiko zu scheitern deutlich erhöht. Gleichzeitig ist die Zeit knapp, das Budget begrenzt und die Projektmitarbeiter sind in der Regel zu wenige. Dennoch existiert ein hoher Anspruch an Qualität und Ergebnis.

Das heißt: Als Projektleiter sollten Sie umfassende Fähigkeiten entwickeln oder schon mitbringen. Wichtige Hinweise dazu erhalten Sie in Kapitel 4.2 »Auswahl des Projektleiters«.

Klarheit über die Kompetenzen und die Rechte des Projektleiters ist sehr hilfreich, um diese anspruchsvolle Rolle gut ausfüllen zu können.

### 3.3.1 Kompetenzen des Projektleiters

Als Projektleiter müssen Sie

- mit knappen Ressourcen
- für herausfordernde Problemstellungen
- neue Lösungswege finden und dafür laufend
- wichtige Entscheidungen treffen oder herbeiführen.

Das heißt, Sie arbeiten unter höherem Druck und härteren Bedingungen als mancher Manager im »normalen« Tagesgeschäft. Der Projektleiter sollte daher eine erfahrene Führungskraft oder ein Projektprofi sein und nicht ein Fachmann, der erste Managementerfahrungen im Projekt sammelt.

Wenn Sie sich im Projektmanagement noch nicht so sicher fühlen, sollten Sie sich angemessen qualifizieren und unterstützen lassen. Lassen Sie sich nicht ohne Aus- oder Fortbildung oder ausreichende Unterstützung in die Rolle des Projektleiters drängen oder dazu verführen. Es ist eine wirklich anspruchsvolle Aufgabe, für die Sie entsprechende Vorbereitungsmaßnahmen einfordern sollten. In vielen Unternehmen können Sie sich dafür an die Personalentwicklung wenden oder erfahrene Projektleiter um Rat bitten.

Denn: Als Projektleiter sind Sie direkt verantwortlich für die Erreichung der Projektziele laut Projektauftrag – unter Einhaltung von Qualität/Inhalten, Kosten und Terminen. Das heißt zwangsläufig auch: Es kann nur einen Projektleiter geben!

Damit Sie dieser Verantwortung gerecht werden können, müssen Sie als Projektleiter unbedingt wissen, was sie genau beinhaltet. Dafür klären Sie am Anfang mit Ihrem Auftraggeber den sogenannten Projektauftrag. Spätestens zum offiziellen Start des Projekts haben der Auftraggeber und Sie als Auftragnehmer diesen Auftrag unterschrieben, er hat dann also bindenden Charakter (siehe dazu Kapitel 4 »Projektvorbereitung«):

> Mit dem Projektauftrag erhalten Sie als Projektleiter die volle Verantwortung für das genehmigte Projektbudget. Über dessen Verwendung entscheiden Sie im Rahmen des Projektauftrags selbständig.

Um diese Verantwortung auszuüben, benötigen Sie als Projektleiter ein angemessenes Mandat. Ihre wichtigsten Kompetenzen oder auch Rechte als Projektleiter zeigt Tabelle 3.3.

| Ein Projektleiter sollte über folgende Rechte verfügen: |
|---|
| ■ Zusammensetzung des Lenkungsausschusses und des Projektteams vorschlagen |
| ■ genehmigte Projektbudgets freigeben und kontrollieren |
| ■ inhaltliche Entscheidungen treffen |
| ■ Kosten- und Terminüberschreitungen genehmigen, sofern dadurch nicht das Gesamtbudget und die vereinbarte Gesamtlaufzeit wichtiger Phasen oder des gesamten Projekts überzogen werden |
| ■ das Projekt in Teilprojekte untergliedern und je einen Teilprojektleiter benennen |
| ■ den Projektmitarbeitern im Projektrahmen Weisungen geben |
| ■ Teilnahme der Projektmitarbeiter an den Projektsitzungen einfordern |
| ■ jederzeit Informationen über Arbeitsfortschritt und -ergebnisse der Teilprojektleiter und anderer Projektmitarbeiter verlangen |
| ■ bei Termin- und Kapazitätsengpässen in Abstimmung mit den Fachbereichen Prioritäten setzen |
| ■ bei Bedarf Unterstützung vom Projektmentor einfordern (siehe Kapitel 3.6 »Projektmentor«) |
| ■ über das Projekt und seinen Fortschritt/aktuellen Stand informieren und kommunizieren |

**Tabelle 3.3** Rechte des Projektleiters

Diese Rechte oder auch Macht brauchen Sie als Projektleiter unbedingt, schließlich ist die Verantwortung, die Sie übernehmen, groß.

All diese Kompetenzen benötigen Sie als Projektleiter, um Ihr Projekt erfolgreich steuern zu können. Wenn sie Ihnen nicht zugestanden werden, kämpfen Sie darum oder eskalieren Sie!

In letzter Konsequenz stellen Sie Ihr Amt zur Disposition.

### 3.3.2 Aufgaben des Projektleiters

Sie berichten als Projektleiter dem Auftraggeber bzw. – falls zu Beginn des Projekts so vereinbart – dem Lenkungsausschuss (siehe Kapitel 3.5 »Lenkungsausschuss«).

Die Position und Macht des Projektleiters werden erfahrungsgemäß gefährlich geschwächt, wenn sein direkter Vorgesetzter Mitglied im Lenkungsausschuss ist. Versuchen Sie, diese Konstellation von vornherein zu vermeiden. Falls das nicht gelingt, sollten Sie zumindest die zu erwartenden Konflikte und die unterschiedlichen Regeln zwischen Projektorganisation und Linienhierarchie offen ansprechen! Vereinbaren Sie dann am besten frühzeitig konkrete Spielregeln mit Ihrem Vorgesetzten zum Umgang mit dieser speziellen Konstellation.

Tabelle 3.4 zeigt Ihre wichtigsten Aufgaben und Pflichten als Projektleiter.

| Ein Projektleiter ist für folgende Aufgaben verantwortlich: |
|---|
| ▪ mit Auftraggeber und/oder Lenkungsausschuss den genauen Auftrag und die Ziele des Projekts klären (eventuell mehrmals im Projektverlauf)<br>▪ die Vorschläge dafür gemeinsam mit den Projektmitarbeitern erarbeiten oder mindestens abstimmen<br>▪ das Projekt gemeinsam mit dem Team strukturieren und im Detail planen<br>▪ Aufgaben und Arbeitspakete an die Projektmitarbeiter verteilen<br>▪ Ressourcen managen<br>▪ Termine, Kosten, Fortschritte und Kapazitäten permanent überwachen<br>▪ bei Soll-Ist-Abweichungen die Ursachen herausfinden und Gegenmaßnahmen einleiten<br>▪ den Informations- und Kommunikationsfluss im Projekt, aus dem Projekt und über das Projekt steuern<br>▪ Auftraggeber und/oder Lenkungsausschuss über wichtige Entwicklungen auf dem Laufenden halten<br>▪ Risiken und Konflikte aktiv managen<br>▪ bei Bedarf die Planung gemeinsam mit dem Team überarbeiten<br>▪ zum Abschluss die Projektergebnisse einschließlich der erforderlichen Dokumentation an die zuständige Abteilung übergeben<br>▪ Auflösung der Projektorganisation am Projektende |

**Tabelle 3.4** Aufgaben des Projektleiters

Es gehört zu Ihren größten Herausforderungen, Ihre Rechte und Pflichten als Projektleiter immer konsequent wahrzunehmen, selbstbewusst zu vertreten und manchmal auch geschickt zu verteidigen. Das gilt gegenüber Lenkungsausschuss und Auftraggeber ebenso wie gegenüber den Projektteammitgliedern, Kollegen und Vorgesetzten – für die ganze Dauer des Projekts!

Kurz: *Sie* vertreten das Projekt nach innen und nach außen und verhandeln direkt mit den für das Projekt zuständigen Kollegen, Lieferanten und Entscheidungsinstanzen.

Deshalb ist es zwingend erforderlich, dass Sie Kommunikationstalent, Verhandlungsgeschick und Durchsetzungsvermögen besitzen. Sie brauchen Rückgrat und Mut. Dann haben Sie keine Angst vor Problemen oder Konflikten, sondern Spaß an deren Lösung.

Als Projektleiter sind Sie der »Spielmacher«!

Deshalb sollten Sie als Projektmanager fit sein und sich frühzeitig und sorgfältig um die Aufstellung Ihrer Mannschaft kümmern.

## 3.4 Projektmitarbeiter

Grundsätzlich gilt in Projekten:

Die Lösung liegt immer im Team!

Als Projektleiter brauchen Sie deshalb Projektmitarbeiter, die mit Ihnen gemeinsam den Lösungsweg zu den vereinbarten Projektzielen erarbeiten und gehen. Für Projektmitarbeiter wiederum ist es eine spannende Abwechslung vom Arbeitsalltag, an der Lösung einer anspruchsvollen Aufgabe mitzuwirken – und eine interessante Möglichkeit, neue Arbeitsformen kennenzulernen und sich beruflich weiterzuentwickeln.

Bei der Besetzung des Projektteams muss die Kontinuität der Mitarbeit gewährleistet sein. Am besten lassen Sie die Mitarbeiter für einen definierten Zeitraum ganz oder zu einem festgelegten Prozentsatz ihrer Arbeitszeit für das Projekt abstellen. Sie stehen dann entsprechend für ihre üblichen Aufgaben (»Linientätigkeit«) nicht oder nur eingeschränkt zur Verfügung. Eine gute Idee ist es zum Beispiel, feste Wochentage oder Zeitanteile für die Arbeit im Projekt schriftlich zu vereinbaren.

Ohne ein Team, das Ihnen ausreichend zur Verfügung steht, kommen Sie als Projektleiter nicht voran. Denn:

> Die Projektmitarbeiter sind die eigentlichen Fachleute für die Projektinhalte.

Sie bearbeiten inhaltliche und administrative Projektaufgaben selbständig und berichten darüber an den Projektleiter (Tabelle 3.5). Der Projektleiter ist also der Vorgesetzte der Projektmitarbeiter in allen fachlichen und organisatorischen Fragen, die das Projekt betreffen. Ihm gegenüber müssen sich die Projektteammitglieder im Projekt verantworten.

| Projektmitarbeiter sind für folgende Aufgaben verantwortlich: |
| --- |
| ■ Zeit zur Erledigung ihrer Projektaufgaben einplanen und gegenüber Anfragen aus dem Tagesgeschäft »verteidigen« |
| ■ Arbeitspakete, die ihnen übertragen werden, zeit-, kosten- und fachgerecht fertigstellen |
| ■ Arbeitsfortschritt regelmäßig dem Projektleiter melden |
| ■ Projektleiter zeitnah über drohende Risiken informieren |
| ■ bei Soll-Ist-Abweichungen Gegenmaßnahmen vorschlagen |
| ■ sich mit dem Projektleiter und den Teamkollegen abstimmen |
| ■ neben fachlichen auch administrative Aufgaben übernehmen |

**Tabelle 3.5** Pflichten der Projektmitarbeiter

Der Projektleiter soll sein Team unbedingt eng einbeziehen in

- die Auftrags- und Zielklärung,
- die Strukturierung des Projekts,
- dessen Planung und
- den Verlauf des Projekts bis zum Abschluss.

Das sollten die Projektmitarbeiter auch einfordern!

Die Projektteammitglieder müssen permanent alle Rahmenbedingungen kennen und verstehen und die Herausforderungen und Ziele des Projekts verinnerlicht haben. Sonst können sie nicht erfolgreich daran mitwirken. Auch im weiteren Projektverlauf müssen sie immer über die anstehenden Aufgaben, den Stand des Projekts und das weitere Vorgehen Bescheid wissen und in inhaltliche Entscheidungen eingebunden sein.

Das Projektteam kann vorübergehend durch weitere Mitarbeiter oder Experten erweitert werden, die zu bestimmten Zeitpunkten oder Aspekten einen wesentlichen fachlichen Input für das Projekt leisten können.

Eine zeitweise Erweiterung des Projektteams hilft dabei,

- die fachlichen Anforderungen aus den betroffenen Abteilungen frühzeitig in das Projekt einzubringen,
- die Arbeitsergebnisse des Projekts fachlich zu diskutieren,
- das Projektteam durch zusätzliches Expertenwissen zu unterstützen und
- eine frühzeitige Akzeptanz der Projektergebnisse in den Anwendungsbereichen zu fördern.

Nach dem Ende der Mitwirkung im Projekt nehmen die Projektmitarbeiter ihre normale operative Tätigkeit wieder voll auf. Vergessen Sie als Projektleiter aber nicht, die Erfahrungen aus dem Projekt auszuwerten und für andere im Rahmen des Projektabschlussberichts festzuhalten sowie den Projekterfolg des Teams gemeinsam zu feiern – auch während der Projektlaufzeit, aber spätestens am Projektende!

## 3.5 Lenkungsausschuss

Treffen Sie als Projektleiter gemeinsam mit Ihrem Auftraggeber die Entscheidung, ob ein Lenkungsausschuss sinnvoll ist. Diese Entscheidung sollten Sie spätestens zum Projektstart getroffen haben.

Um einem verbreiteten Missverständnis vorzubeugen:

> Ein Lenkungsausschuss steuert nicht das Projekt.
> Das macht der Projektleiter!

Diese Führungsfunktion des Projektleiters muss der Lenkungsausschuss akzeptieren. Die Aufgabe des Lenkungsausschusses ist es, das Projekt aus einer Managementperspektive zu betrachten und zu beraten. Auf dieser Grundlage darf und soll sich der Lenkungsausschuss durchaus – natürlich konstruktiv – mit dem Projektleiter und seinem Team reiben.

Wenn ein Lenkungsausschuss gebildet wird, ist der Auftraggeber meistens auch selbst Mitglied. Manchmal hat der Auftraggeber ein Vetorecht bei Entscheidungen. Auch das muss aber für jedes Projekt individuell geregelt, also beschlossen und dokumentiert werden – sofern es bei Ihnen nicht schon unternehmensweit geltende Richtlinien zum Projektemanagement gibt, die so weit ins Detail gehen.

Es hat sich bewährt, den Lenkungsausschuss wie folgt zusammenzusetzen:

- Leiter der Abteilungen/Bereiche, die von den Projektergebnissen am meisten betroffen sind,
- Leiter der maßgeblich an der Umsetzung beteiligten Disziplinen/Abteilungen/Bereiche,
- Auftraggeber.

> Der Projektleiter ist kein Mitglied des Lenkungsausschusses!

Er berichtet vielmehr an den Lenkungsausschuss.

Damit der Lenkungsausschuss handlungs- und entscheidungsfähig ist, sollte er richtig zusammengesetzt und keinesfalls zu groß sein. Bedenken Sie als Projektleiter: Je mehr Manager Sie unter einen Hut bringen müssen, desto schwieriger wird allein schon die Terminfindung. Auch für den Lenkungsausschuss gilt daher: so klein wie möglich und nur so groß wie unbedingt nötig. Drei bis fünf Mitglieder sind für viele Projekte eine sinnvolle Größe.

Manchmal ist es hilfreich, wenn bewusst eine fachlich und inhaltlich weniger betroffene Führungskraft Mitglied des Lenkungsausschusses ist, weil sie in schwierigen Situationen eher den Blick für das Wesentliche behält. Oder auch jemand, der nach Projektende die Projektergebnisse auswerten wird, wie zum Beispiel der Vertrieb. Bedarfsweise können Sie zu einzelnen Lenkungsausschusssitzungen Vertreter aus anderen Fachgebieten, etwa Controlling oder Revision, einladen.

Zu den zentralen Aufgaben eines Lenkungsausschusses gehört es, den Projektleiter und das Projektteam mit strategisch relevanten Informationen zu versorgen, an Ergebnissen zu »rütteln«, sie aus der Managementsicht zu hinterfragen, bestimmte Entscheidungen zu treffen und dem Projektteam Rückmeldung zu geben. Der Lenkungsausschuss achtet besonders darauf, dass die Ergebnisse des Projektteams vollständig und anwendbar sind, mit den Projektzielen übereinstimmen und im Unternehmen Akzeptanz finden.

Daraus folgt auch:

> Nur in echten Krisensituationen greift der Lenkungsausschuss tatsächlich dem Projektleiter ins »Lenkrad« und steuert das Projekt wieder auf die richtige Spur.

In der Regel haben Mitglieder des Lenkungsausschusses die in Tabelle 3.6 dargestellten Aufgaben.

| Der Lenkungsausschuss ist für folgende Aufgaben verantwortlich: |
|---|
| ▪ Überprüfung des Projektfortschritts |
| ▪ Abnahme der Arbeitsergebnisse zu den festgelegten Meilensteinterminen (siehe Kapitel 11 »Projektplanung«; Meilenstein: bestimmtes »Etappenziel«) und damit Freigabe der jeweils nächsten Projektphase |
| ▪ Unterstützung des Projektleiters und -teams durch Versorgung mit allen Informationen, die das Projekt und sein Umfeld betreffen können |
| ▪ Entscheidungsorgan in den Fragen, die direkt den Projektauftrag betreffen (Veränderung der Ziele, des Gesamtbudgets, des Endtermins, des Ressourcenbedarfs) |
| ▪ Repräsentant des Unternehmens und seiner Strategie |
| ▪ Unterstützung des Projektleiters bei Ressourcenkonflikten mit dem Tagesgeschäft oder anderen Projekten |
| ▪ in Notfällen Richtungsentscheidung, Unterbrechung oder Stopp eines Projekts, Wechsel der Projektleitung oder Ähnliches |

**Tabelle 3.6** Pflichten des Lenkungsausschusses

Die fachlichen, inhaltlichen und organisatorischen Entscheidungen im Projekt trifft der Projektleiter mit seinen Mitarbeitern. Nur wenn sie nicht mehr weiterkommen, benötigen sie den Lenkungsausschuss als Eskalationsstufe und Entscheidungsinstanz.

Am Ende eines Projekts ist es Aufgabe des Lenkungsausschusses, den Projektleiter und sein Team zu entlasten (ähnlich wie die Aktionärsversammlung eines börsennotierten Unternehmens die Ergebnisse eines Geschäftsjahres abnimmt und den Vorstand damit entlastet). Dies sollte schriftlich geschehen oder zumindest schriftlich bestätigt werden (etwa im Protokoll der letzten Lenkungsausschusssitzung). Dann erst kann und muss der Projektleiter das Projekt schließen, die Projektorganisation auflösen und die dokumentierten Projektergebnisse an die operativen Einheiten übergeben.

## 3.6 Projektmentor

Ein Projektmentor ist nicht Auftraggeber und auch nicht der Budgetsteller des Projekts. Er ist vielmehr die Rückendeckung des Projekts, seines Leiters und Teams.

Eine solche Person als Instanz ist wichtig bei Projekten, die eine besondere Relevanz für das Unternehmen haben und zum Beispiel bedeutsame Veränderungen in der Arbeitsorganisation bewirken, also mit Akzeptanzschwierigkeiten und Widerständen rechnen müssen.

Der Mentor hat die Aufgabe, Projektleiter und -team zu unterstützen, indem er etwa an einer kritischen Lenkungsausschusssitzung teilnimmt, das Projekt in Unternehmensgremien vertritt und gegebenenfalls auch verteidigt oder in Informationsveranstaltungen, einem Interview oder Newsletter die Bedeutung des Projekts hervorhebt.

Identifizieren Sie als Projektleiter die Person, die Ihnen die größte Rückendeckung für Ihr Projekt geben könnte, und gewinnen Sie sie für diese Rolle. Bei Bedarf kann und sollte Sie Ihr Projektauftraggeber dabei unterstützen. Der Mentor muss in jedem Fall ein hoch in der Hierarchie stehender Topmanager sein und immer ein offenes Ohr für den Projektleiter haben.

Der Projektmentor sollte nicht unbedingt Mitglied des Lenkungsausschusses sein. Für den Projektleiter kann es sogar sehr hilfreich sein, wenn er sich an den Mentor als Instanz außerhalb des Lenkungsausschusses wenden kann (z. B. bei Schwierigkeiten mit einem Lenkungsausschussmitglied).

# Kapitel 4

# Projekt-vorbereitung

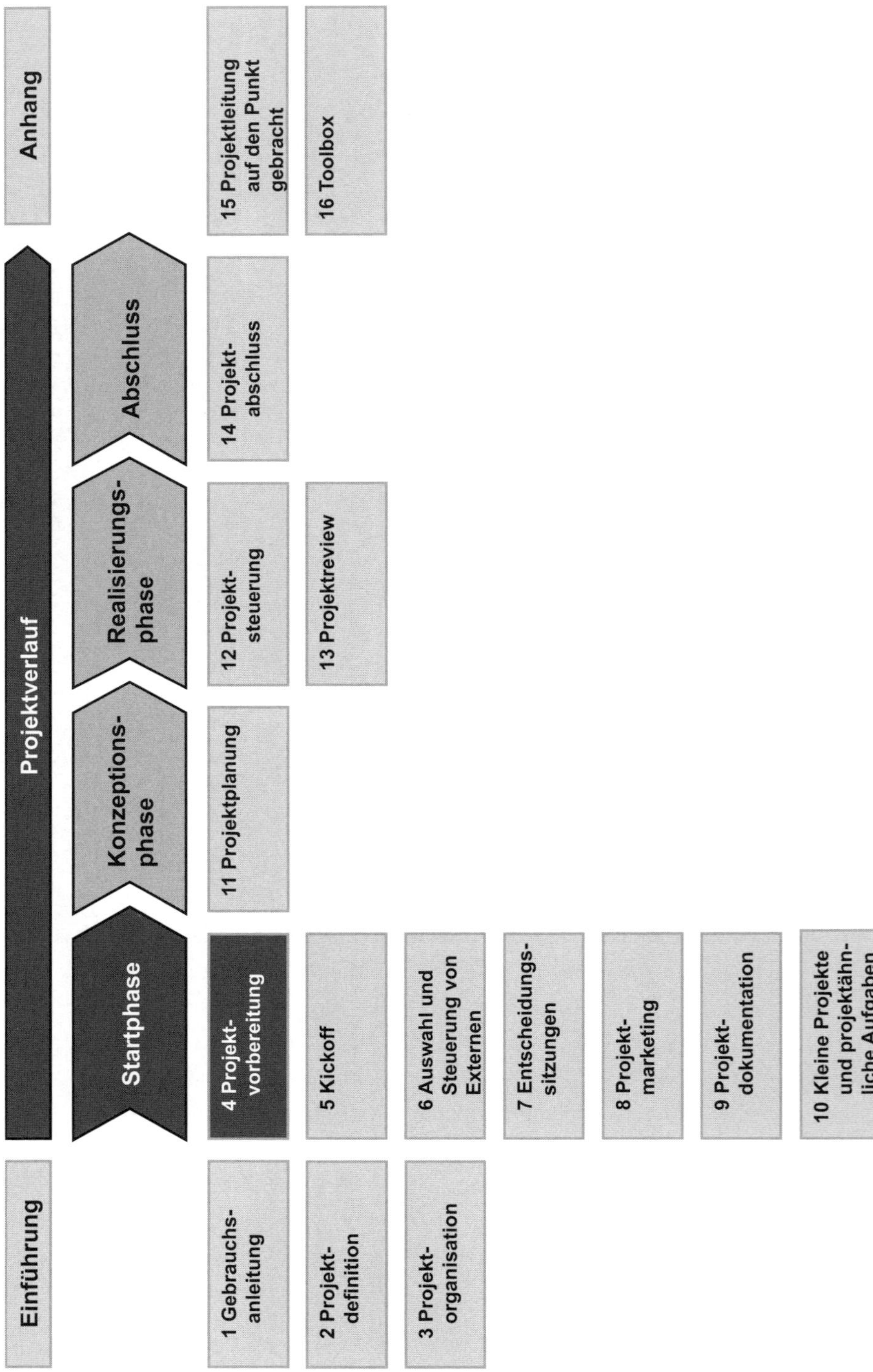
Einführung
Projektverlauf
Anhang
Startphase
Konzeptionsphase
Realisierungsphase
Abschluss
1 Gebrauchsanleitung
2 Projektdefinition
3 Projektorganisation
4 Projektvorbereitung
5 Kickoff
6 Auswahl und Steuerung von Externen
7 Entscheidungssitzungen
8 Projektmarketing
9 Projektdokumentation
10 Kleine Projekte und projektähnliche Aufgaben
11 Projektplanung
12 Projektsteuerung
13 Projektreview
14 Projektabschluss
15 Projektleitung auf den Punkt gebracht
16 Toolbox

Die Projektvorbereitung ist der Prozess von der Idee bis zum genehmigten Projektauftrag. In der Projektvorbereitungsphase soll idealerweise entweder ein möglichst vollständiger Projektauftrag erarbeitet oder die Projektidee als Aufgabe im Tagesgeschäft (Linienaufgabe) identifiziert und an die verantwortliche Linienabteilung übergeben werden.

## 4.1 Projektauslöser versus Projektauftraggeber

Auslöser von Projekten können vielfältiger Natur sein. Dazu zählen beispielsweise:

- strategische Entscheidungen des Vorstands/der Geschäftsführung,
- interne Verbesserungsvorschläge,
- Anfragen von Fachabteilungen oder Kunden,
- Veränderungen am Markt,
- neue Technologien,
- Gesetzesvorhaben.

Sind Auftraggeber und Initiator einer Projektidee nicht identisch, muss der Initiator möglichst frühzeitig klären, wer als Auftraggeber für das angedachte Projekt geeignet ist und welche weiteren Personen an dem Projekt zu beteiligen sind.

Dazu stellt er folgende Fragen:

- Welche Abteilung ist von der Projektidee fachlich in erster Linie betroffen bzw. Nutznießer (= möglicher Auftraggeber)?
- Welche Abteilungen sind fachlich oder bei einer möglichen Umsetzung ebenfalls beteiligt/betroffen (= mögliche Projektbeteiligte)?

Nach Klärung dieser Fragen übernimmt der Auftraggeber (siehe Kapitel 3 »Projektorganisation«) des potenziellen Projekts die Verantwortung für die weitere Projektvorbereitung, insbesondere für folgende Punkte:

- Er prüft, ob es sich bei dem Vorhaben um ein Projekt (siehe Kapitel 2 »Projektdefinition«) handelt, oder ob es eine Aufgabe ist, die innerhalb der Linienorganisation zu erfüllen ist.
- Sofern es sich um ein Projekt handelt, führt der Auftraggeber die Entscheidung herbei, ob das Projekt tatsächlich durchgeführt werden soll oder nicht.

Achtung: In manchen Unternehmen gibt es einen zentralen Stab oder Bereich, etwa ein Project Management Office, der bei diesen Entscheidungen ein Mitspracherecht hat oder sogar die alleinige Entscheidungshoheit besitzt. Der Initiator, Auftraggeber und auch der Projektleiter müssen sich mit einer solchen zentralen Einheit frühzeitig absprechen. Tun Sie das, denn hier erhalten Sie in der Regel keineswegs nur Vorschriften, sondern meist auch wertvolle Unterstützung in Form von Tipps, Tools und Prozessvorlagen für die Projektsteuerung.

Zur Vorbereitung der Entscheidung über die Durchführung eines Projekts muss ein Projektauftrag erarbeitet werden. Die Verantwortung für die Erarbeitung des Projektauftrags (inklusive aller notwendigen Planungsunterlagen) liegt in der Regel beim Auftraggeber, solange kein Projektleiter benannt ist.

## 4.2 Auswahl des Projektleiters

Nach Möglichkeit identifiziert der Auftraggeber des potenziellen Projekts bereits vor Erstellung eines Projektauftrags einen Projektleiter (siehe Kapitel 3 »Projektorganisation«). Denn dann kann dieser sofort die weitere Vorbereitung des Projekts übernehmen.

Wenn ein Projektleiter noch nicht benannt werden kann, ist es dem Auftraggeber möglich, die weitere Projektvorbereitung vorübergehend an eine andere Person – einen »Projekttreiber« – zu delegieren. Aber Vorsicht: Hier besteht das Risiko, dass diese Person de facto zum Projektleiter wird, ohne dass das richtig geklärt und kommuniziert wird.

Der beste Fachexperte ist nicht zwangsläufig, sondern eher selten auch ein guter Projektleiter. Kommunikationsstärke, Durchsetzungsvermögen und

Management-Know-how sind Eigenschaften, die für die erfolgreiche Leitung eines Projekts viel wichtiger sind als Wissen von Spezialisten.

Der Projektleiter sollte deshalb unbedingt über die in Tabelle 4.1 und Tabelle 4.2 dargestellten sozialen wie methodischen Kompetenzen verfügen.

Manche dieser Kompetenzen lassen sich auch dem Projektmanagement selbst zurechnen. Wir führen sie bewusst eigens auf, weil ihre Bedeutung für den Erfolg eines Projekts so groß ist und dies in vielen Projektmanagement-Trainings zu kurz kommt.

Auf alle diese Kompetenzen sollte der Auftraggeber Wert legen, wenn er den Projektleiter frühestmöglich benennt. Desweiteren sollte er die durch das Projekt betroffenen Abteilungen ebenfalls möglichst frühzeitig in die Projektüberlegungen einbinden. Dabei hilft auch der Projektauftrag, den Auftraggeber und Projektleiter zu Beginn eines Projekts erstellen und der wichtige Informationen zum Projekt enthält.

| Ein Projektleiter sollte über folgende soziale Kompetenzen verfügen: |
|---|
| ■ *Kontaktstärke*<br>– sicher auf fremde Personen zugehen<br>– gute Kontakte besitzen, pflegen und ausbauen<br>– professionellen Umgang im Team aufbauen und erhalten<br>– wirkungsvoll kommunizieren |
| ■ *soziale Sensibilität*<br>– die Sichtweise anderer einnehmen können<br>– auch subtile Signale wahrnehmen<br>– die eigene Außenwirkung kennen und steuern<br>– flexibel auf das Gegenüber und dessen Bedürfnisse eingehen |
| ■ *Begeisterungsfähigkeit*<br>– andere von den eigenen Ideen überzeugen<br>– andere für das Projekt begeistern<br>– die Arbeit anderer wertschätzen<br>– durch eigene Leidenschaft für die Sache andere mitreißen |

**Tabelle 4.1** Soziale Kompetenzen des Projektleiters

| Ein Projektleiter sollte über folgende soziale Kompetenzen verfügen: |
| --- |
| ▪ *Konfliktbereitschaft*<br>– schwierige Themen offen ansprechen und lösen<br>– ruhig auf persönliche Angriffe reagieren<br>– sachliche und emotionale Ebene unterscheiden können<br>– unterschiedliche Werte, Vorstellungen und Positionen in eine fruchtbare Auseinandersetzung bringen<br>– mit Konflikten und Meinungsverschiedenheiten konstruktiv umgehen |
| ▪ *Teamorientierung*<br>– Teamarbeit als sinnvoll erachten<br>– Informationen und Aufgaben gerne teilen<br>– unterschiedliche Kompetenzen akzeptieren und nutzen<br>– Wertschätzung für andere empfinden und ausdrücken<br>– klare Vereinbarungen schließen und auch einhalten |
| ▪ *Ausgeglichenheit*<br>– unter Stress und Zeitdruck ruhig bleiben<br>– Probleme und Misserfolge verarbeiten<br>– emotional stabil sein |
| ▪ *Flexibilität*<br>– ungewohnten oder neuartigen Situationen gelassen und interessiert entgegentreten<br>– mit Hierarchien und Machtgefügen weder unterwürfig noch pubertär, sondern souverän umgehen<br>– unterschiedlichem Verhalten und Gebaren anderer Menschen neugierig und mit Respekt statt mit Abwehr begegnen |

**Tabelle 4.1** Soziale Kompetenzen des Projektleiters (Fortsetzung)

| Ein Projektleiter sollte über folgende methodische Kompetenzen verfügen: |
|---|
| ■ Projektmanagement (!) |
| ■ Organisationsstärke (Überblick, Steuerung) |
| ■ Moderation |
| ■ Kreativitätstechniken |
| ■ Präsentation |
| ■ Kommunikationsstärke |
| ■ Verhandlungsführung |
| ■ Risiko-/Chancenmanagement |
| ■ Konflikt- und Krisenmanagement |
| ■ Entscheidungen professionell herbeiführen |
| ■ Führung von Mitarbeitern und Teams |
| ■ Zeit- und Selbstmanagement |
| ■ Priorisierung und Ergebnisorientierung |
| ■ Stakeholder-Management |

**Tabelle 4.2** Methodische Kompetenzen des Projektleiters

## 4.3 Erstellung des Projektauftrags

Der Erarbeitung des Projektauftrags kommt besondere Bedeutung zu. Idealerweise wird der Projektauftrag vom Projektleiter gemeinsam mit dem Projektteam erarbeitet und mit dem Auftraggeber oder – sofern bereits vorhanden – dem Lenkungsausschuss abgestimmt (siehe Kapitel 5 »Kickoff«). Sollte der Projektauftrag formuliert worden sein, bevor das Projektteam benannt oder der Lenkungsausschuss gefunden wurde, so ist die Abstimmung und weitere Detaillierung mit den Beteiligten baldmöglichst nachzuholen.

> Die Auftrags- und Zielklärung ist die wichtigste Tätigkeit in der Projektvorbereitungsphase.

Denn für das Gelingen des Projekts ist es zwingend notwendig, dass

- alle Projektteilnehmer den Projektauftrag verinnerlicht haben, bestens kennen und mittragen und
- ein mit dem Projektteam erarbeiteter oder überarbeiteter Projektauftrag mit dem Lenkungsausschuss und dem Auftraggeber detailliert abgestimmt wird.

Als wesentliche Inhalte des Projektauftrags haben sich bewährt:

- Titel des Projekts, Name des Auftraggebers und des Projektleiters,
- Start- und Endtermin, Dauer des Projekts und wichtige Meilensteine im Verlauf,
- Ist-Situation/Anlass für das Projekt,
- Ziele und auch Nicht-Ziele des Projekts, erwarteter Nutzen sowie die Konsequenzen, falls das Projekt nicht umgesetzt wird,
- Schnittstellen zu anderen Vorhaben und Maßnahmen sowie wesentliche Risiken,
- eine wenigstens grobe Aufwands-/Kostenschätzung,
- Vorschläge für die wesentlichen Mitglieder des Projektteams und gegebenenfalls des Lenkungsausschusses.

Je vollständiger der Projektauftrag ausgefüllt ist, desto besser kann ein Projektleiter auf dieser Grundlage mit seinem Auftraggeber und/oder Lenkungsausschuss klären, was man wirklich von dem Projekt erwartet und was mit dem Projekt erreicht werden soll – und was nicht. Das ist immens wichtig, damit alle weiteren Arbeitsschritte im Projekt zielgerichtet und sinnvoll erfolgen können!

In der Toolbox finden Sie eine Vorlage für einen Projektauftrag und einen beispielhaft ausgefüllten Auftrag.

➲ *Siehe Toolbox: 4a Vorlage Projektauftrag*

➲ *Siehe Toolbox: 4b Beispiel Projektauftrag*

Der einmal formulierte Projektauftrag kann, darf und muss bei Bedarf verändert werden. Das kann durch unterschiedliche Anlässe erforderlich werden (Tabelle 4.3).

| Anlässe zur Änderung des Projektauftrags |
| --- |
| ■ erstmalige Abstimmung eines vorbereiteten Entwurfs im Projektteam |
| ■ neue Erkenntnisse auf Basis des detaillierten Planungsprozesses |
| ■ veränderte Rahmenbedingungen für das Projekt |
| ■ neue Erkenntnisse im Rahmen des Projektverlaufs |

**Tabelle 4.3** Gründe, die zu einer Änderung des Projektauftrags führen können

Bei besonders großen und komplexen Projekten kann es sinnvoll sein, den Projektauftrag im Rahmen einer Machbarkeitsstudie zu erarbeiten. Es handelt sich dabei meist um ein vorgeschaltetes Projekt; dieses soll die generelle Machbarkeit des angedachten Projekts prüfen, die exakte Zielsetzung und den Nutzen des geplanten Projekts definieren und dessen Zeit- und Ressourcenbedarf bestimmen.

## 4.4 Projektziele

Um es mit Mark Twain einzuleiten: »Der Mensch ist ein zielstrebiges Wesen, doch meist strebt er zu viel und zielt zu wenig.«

Viele Projekte schlagen fehl, weil die Ziele zu Beginn nur unzureichend geklärt worden sind. Auch die Gefahr, dass Projekte sich verzögern und Ressourcen ineffizient eingesetzt werden, ist bei nachlässiger Zielklärung besonders hoch.

> Die saubere Zielfindung und -formulierung ist eine unerlässliche Voraussetzung für den erfolgreichen Verlauf und Abschluss eines Projekts. Räumen Sie ihr unbedingt ausreichend Zeit ein!

Ziele sind eine Holschuld des Projektleiters. Erwarten Sie nicht, dass sie Ihnen bereits in ausgereifter Form vom Auftraggeber geliefert werden.

So stellen Sie als Projektleiter sicher, dass Sie zu einer fundierten Zielformulierung kommen:

- Erarbeiten Sie die Ziele gemeinsam mit dem Projektteam.
- Falls das nicht möglich ist, formulieren Sie als Projektleiter die Ziele selbst und stimmen Sie sie anschließend unbedingt mit dem Projektteam ab. Seien Sie dabei offen für Ergänzungen und Überarbeitungsvorschläge aus dem Projektteam.
- Sorgen Sie dafür, dass jeder das gleiche Bild und die gleiche Kenntnis von den Projektzielen hat.
- Planen Sie genügend Zeit für die Zielfindung ein – gemeinsam mit dem Projektteam ist ein halber Tag schnell vorüber.
- Stimmen Sie die Ziele umfassend und ausdrücklich – das heißt schriftlich – mit dem Auftraggeber ab.
- Machen Sie die Ziele dem Lenkungsausschuss bekannt und stellen Sie sicher, dass er sie versteht und mitträgt.
- Überprüfen Sie in regelmäßigen Abständen, ob die einmal gesetzten Ziele noch Gültigkeit haben oder ob veränderte Rahmenbedingungen eine Anpassung der Zielformulierung erfordern. Besprechen Sie diese Anpassung wieder mit dem Team und stimmen Sie sie mit dem Auftraggeber und/oder Lenkungsausschuss ab.

Wichtig ist, dass Sie die Ziele für Ihr Projekt klar, verständlich, konkret und eindeutig formulieren – schließlich werden Sie als Projektleiter daran gemessen, ob Sie diese Ziele mit Hilfe Ihres Teams erreichen.

### Was ist ein Ziel?

Ein Ziel ist eine ergebnisorientierte Beschreibung eines Endzustands. Tabelle 4.4 zeigt, was eine gute Zielformulierung ausmacht.

| Gute Zielformulierung |
| --- |
| ▪ ergebnis-/resultatorientiert |
| ▪ im erreichten Zustand formuliert (im Präsens) |
| ▪ zeitlich befristet |
| ▪ messbar und überprüfbar |
| ▪ eindeutig, unmissverständlich, nicht interpretierbar |
| ▪ klar und auf den Punkt gebracht |
| ▪ anspruchsvoll, aber erreichbar |

**Tabelle 4.4** Eigenschaften guter Zielformulierungen

Nachfolgend zur Veranschaulichung ein Beispiel für eine Zielformulierung:

»Am 31.05.15 ist das Projektmanagement in der Unternehmensgruppe neu konzipiert. Dies beinhaltet insbesondere die Definition des Begriffs ›Projekt‹ inklusive dazugehöriger Strukturen und Abläufe. Diese Inhalte und Festlegungen sind mindestens den Vorständen, den Führungskräften der nachfolgenden zwei Managementebenen sowie allen Projektleitern bekannt. Die genannten Personen sind für die Anforderungen eines professionellen Projektmanagements sensibilisiert, damit sie das dafür erforderliche Umfeld schaffen. Es sind Maßnahmen konzipiert, um Projektleiter in die Lage zu versetzen, Projekte erfolgreich und effizient zu steuern. Diese Konzepte sind zum genannten Datum von Auftraggeber und Lenkungsausschuss des Projekts abgenommen und freigegeben.«

Ein weiteres Beispiel für eine Zieldefinition finden Sie in der Toolbox.

➲ *Siehe Toolbox: 4c Beispiel Zieldefinition*

Anhand der in Tabelle 4.5 dargestellten Fragen können Sie überprüfen, ob das Ziel Ihres Projekts spezifisch genug formuliert ist.

| Fragen zur Zielformulierung |
| --- |
| ■ Ist der Zielzustand so beschrieben, dass jeder im Projektteam genau weiß, worum es geht? |
| ■ Ist festgeschrieben, wie die Zielerreichung gemessen/bewertet wird und durch wen diese Bewertung erfolgt? |
| ■ Ist auch definiert, was nicht Gegenstand des Projekts ist (»out of scope list«)? |
| ■ Ist eine »Deadline« benannt, bis wann das Projekt abgeschlossen sein muss? |
| ■ Gibt es neben der finalen »Deadline« bereits Termine für Zwischenergebnisse (z. B. »Information des Vorstands in der Oktober-Sitzung«)? |
| ■ Gibt es »Abbruch-Kriterien«, bei deren Eintreten die Ziele und damit gegebenenfalls das Projekt obsolet werden? |

**Tabelle 4.5** Checkliste für eine gute Zielformulierung

Welche Vorgehensweise Projektleiter und -mitarbeiter wählen, um am Ziel anzukommen, ist mit einer guten Zielformulierung allerdings noch nicht festgelegt. Mit anderen Worten: Das Ziel muss zu Beginn des Projekts klar definiert werden, der Lösungsweg bleibt zunächst offen. Dieser wird vom Projektteam im Rahmen der Projektplanung erarbeitet.

Für die Zielformulierung und auch für alle weiteren Tätigkeiten und Pläne im Rahmen der Projektvorbereitung gilt: **Do it right the first time!** Und nicht wie oft gelebt: »Im Moment ist nicht genug Zeit, es richtig zu machen. Wir holen das später nach.« Sie werden diese Zeit auch später nicht finden, die Themen nochmal anzupacken – und müssten dann das ganze Projekt über mit »quick and dirty«-Grundlagen leben.

Als Überblick über die wichtige Projektvorbereitungsphase finden Sie einen schematischen Ablauf in der Toolbox.

➲ *Siehe Toolbox: 4d Ablauf der Projektvorbereitung*

# Kapitel 5

# Kickoff

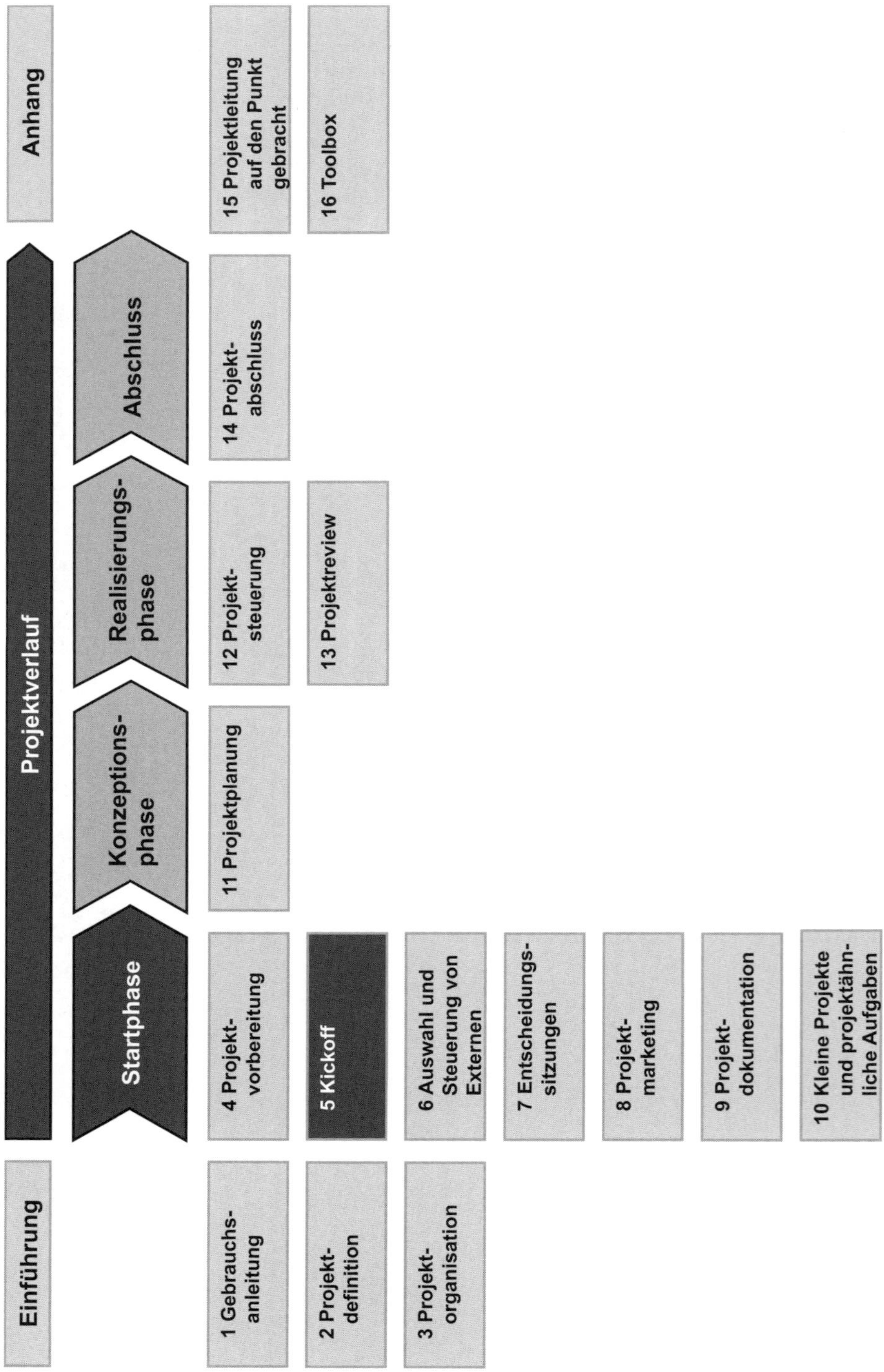
Einführung
Projektverlauf
Anhang
Startphase
Konzeptions-phase
Realisierungs-phase
Abschluss
1 Gebrauchs-anleitung
2 Projekt-definition
3 Projekt-organisation
4 Projekt-vorbereitung
5 Kickoff
6 Auswahl und Steuerung von Externen
7 Entscheidungs-sitzungen
8 Projekt-marketing
9 Projekt-dokumentation
10 Kleine Projekte und projektähnliche Aufgaben
11 Projektplanung
12 Projekt-steuerung
13 Projektreview
14 Projekt-abschluss
15 Projektleitung auf den Punkt gebracht
16 Toolbox

Investieren Sie in den Start, denn: Wie Sie starten, so liegen Sie im Rennen!

Die Kickoff-Veranstaltung ist der offizielle Startschuss für die eigentliche Projektarbeit mit dem Projektteam und damit von entscheidender Bedeutung. Ein ordentliches Kickoff dauert in der Regel mindestens einen halben Tag und kann bis zu zwei Tage in Anspruch nehmen.

Hier erfahren viele Projektteammitglieder das erste Mal Details über ihr Projekt und treffen auf ihre Mitstreiter. Viele sind neugierig auf die Aufgaben und darauf, ob sie sich mit den anderen verstehen werden und mit ihnen zusammenarbeiten möchten. Die Beteiligten wollen das Projekt, die Ziele und das gesamte Projektumfeld kennen und verstehen lernen.

Vor allem aber lernen die Teilnehmer ihren Projektleiter kennen. Die Teammitglieder nehmen das Auftreten, die Professionalität und Motivation des Projektleiters sehr bewusst wahr. Und genau das wird dann auch ihr eigenes Handeln im Projekt prägen und beeinflussen. Bereiten Sie sich also auf das Kickoff bestmöglich vor und nehmen Sie es ernst! Hier gilt uneingeschränkt der Satz: »Du bekommst niemals eine zweite Chance, einen guten ersten Eindruck zu machen!«

Insofern müssen Sie als Projektleiter im Kickoff vor allem Orientierung geben, Transparenz schaffen und die Teambildung ermöglichen. Denn das Projektteam ist der Motor des Projekts. Eine offene und konstruktive Zusammenarbeit ist das Öl im Getriebe. Sie wird bestimmt von der Art des Umgangs miteinander, der effizienten Kommunikation und einem abgestimmten Informationsfluss. Im Kickoff definiert sich der Stil der gemeinsamen Arbeit. Projektarbeit ist Teamarbeit. Schweißen Sie daher das Projektteam zusammen. Schaffen Sie ein »Wir«-Gefühl!

Wie? Das erfahren Sie im nächsten Kapitel.

## 5.1 Inhalte des Projekt-Kickoffs

Die in Tabelle 5.1 dargestellten Punkte sind sinnvolle Inhalte des Kickoff-Meetings.

| Ein Kickoff-Meeting sollte folgende Inhalte umfassen: |
|---|
| ▪ Eröffnung durch Projektleiter und gegebenenfalls Auftraggeber |
| ▪ Vorstellungsrunde/Warm-up |
| ▪ Hintergrundinformationen und Zusammenhänge des Projekts |
| ▪ Projektziele erarbeiten oder konkretisieren |
| ▪ Nichtziele identifizieren (»out of scope list«) |
| ▪ Erfolgskriterien für das Projekt definieren |
| ▪ Projektorganisation festlegen, vor allem die Zusammensetzung des Projektteams und ggf. des Lenkungsausschusses |
| ▪ Rahmenbedingungen klären |
| ▪ Spielregeln für die Zusammenarbeit im Team vereinbaren |
| ▪ Rolle der Projektteammitglieder klären |
| ▪ Grobplanung des Projekts durchführen |
| ▪ Kraftfeldanalyse erstellen (siehe Kapitel 5.2 »Kraftfeldanalyse«) |

**Tabelle 5.1** Inhalte des Kickoff-Meetings

Teilnehmer des Kickoff-Meetings sind Sie als Projektleiter und die designierten Projektteammitglieder. Neben diesen kann es durchaus sinnvoll sein, auch den Auftraggeber oder Experten, die Sie erst zu einem späteren Zeitpunkt des Projekts einbinden möchten, bereits zum Kickoff, zumindest zeitweise, hinzuzuziehen. Sie stellen sich also im Vorfeld die Frage: Wer ist beim Kickoff dabei, wann, wie lange und warum?

Bereiten Sie dieses erste Treffen intensiv vor, denn hier legen Sie die Basis für eine erfolgreiche Zusammenarbeit im Projektteam!

Dabei hilft Ihnen ein Regieplan, mit dem Sie das Kickoff-Meeting planen und vorbereiten. Ein Beispiel dazu finden Sie in der Toolbox.

➲ *Siehe Toolbox: 5a Beispiel Regieplan Kickoff*

Für ein gutes Kickoff-Meeting sollten Sie als Projektleiter insbesondere über folgende Fähigkeiten verfügen:

- Moderationskompetenz inklusive Visualisierung,
- Erfahrung mit der Steuerung von Teams,
- Motivationsfähigkeit.

Nehmen Sie sich auf jeden Fall die Zeit, das Projekt im Rahmen des Kickoffs sauber aufzusetzen. Besonders das Identifizieren und klare Formulieren der Projektziele erfordert meist viele Stunden Diskussion im Projektteam. Fehler und Unterlassungen in der Anfangsphase rächen sich immer und können später meist nicht mehr korrigiert werden! Wenn Projekte mit ihrem Zeitbudget nicht auskommen, teurer werden als geplant oder nur mit Mängeln abschließen, so lässt sich dies sehr häufig auf Unzulänglichkeiten und Eile beim Projektstart zurückführen.

Bei der Vorbereitung des Kickoffs helfen Ihnen folgende Dokumente:

➲ *Siehe Toolbox: 5b Vorlage Regieplan*

➲ *Siehe Toolbox: 5c Checkliste Kickoff*

➲ *Siehe Toolbox: 5d Beispiele für Spielregeln*

Bedenken Sie: Das Kickoff ist eine Premiere, das erste von vielen Treffen im Projektverlauf. Gönnen Sie sich also eine gute Vorbereitung oder sogar eine Art »Generalprobe« im Kreis von Vertrauten.

Für die Vorbereitung aller weiteren Projektteammeetings gelten folgende Empfehlungen:

➲ *Siehe Toolbox: 5e Besprechungsleitfaden für zielwirksame Meetings*

Um die Kommunikation und den Informationsfluss zwischen den Projektbeteiligten im weiteren Projektverlauf zu erleichtern, ist es hilfreich, alle Kontaktdaten jederzeit griffbereit zu haben. Diese tragen Sie am besten gleich zu Anfang des Projekts für alle Teammitglieder zusammen.

➲ *Siehe Toolbox: 5f Vorlage Kontaktdaten*

## 5.2 Kraftfeldanalyse

Neben dem Projektteam gibt es viele weitere Akteure und Einflussfaktoren, die Ihr Projekt fördern oder behindern können. Für den Projekterfolg ist es deshalb ausschlaggebend, dass Sie dieses sogenannte »Kraftfeld« verstehen, in dem sich das Projekt bewegt.

Die Kraftfeldanalyse ist ein einfaches und schnelles Verfahren zur frühzeitigen Einschätzung der Kräfte, die auf Ihr Projekt einwirken. Dadurch gewinnen Sie schon im Kickoff einen Überblick über die Machtstrukturen, also über die potenziellen Unterstützer und Gegner des Vorhabens.

Die Kraftfeldanalyse führen Sie wie folgt durch:

Stellen Sie das Kraftfeld wie in Bild 5.1 grafisch dar – am besten auf einem Flipchart. Auf der vertikalen Achse bilden Sie Macht oder Einfluss von Akteuren ab, auf der horizontalen Achse deren Haltung oder Einstellung zum Projekt. Tragen Sie mit dem Projektteam zunächst die Namen der wichtigsten Akteure zusammen, indem Sie sich folgende Fragen stellen:

- Wer könnte Gegner/Bremser unseres Projekts sein?
- Wer könnte Befürworter/Unterstützer unseres Projekts sein?

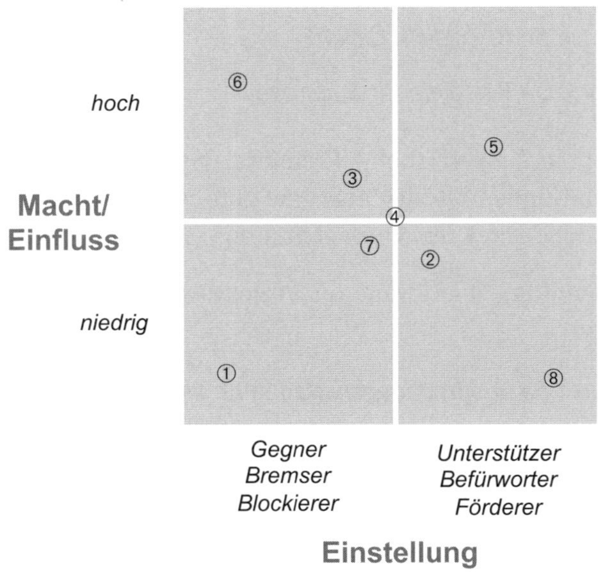


**Bild 5.1** Matrix Kraftfeldanalyse

Versehen Sie die Namen der identifizierten Akteure mit Nummern. Tragen Sie dann nicht die Namen, sondern nur diese Nummern in gemeinsamer Diskussion mit dem Projektteam auf dem vorbereiteten Flipchart ein (Bild 5.1). Mit auffälligen Farben und Zeichen (z. B. Ausrufezeichen) können Sie Ihre Grafik in Bezug auf den Einfluss Einzelner noch anschaulicher machen, wenn Sie möchten. Ein leeres Schaubild finden Sie in der Toolbox.

➲ *Siehe Toolbox: 5g Vorlage Kraftfeldanalyse 1*

Diskutieren und beantworten Sie nun mit dem Projektteam folgende Fragen:

- Wie gehen wir mit jenen Personen um, die ein Ausrufezeichen erhalten haben?
- Wer betreut wen, auf welche Art, in welchen Abständen (z. B. wer einen guten Draht zu einem einflussreichen Gegner des Projekts hat, könnte mit ihm Essen gehen und verstehen, woher der Widerstand kommt)?
- Wie erhalten wir uns die Unterstützer als Unterstützer bzw. wie nutzen wir sie sogar bewusst und aktiv?
- Wie wollen wir mit den (potenziellen) Blockierern umgehen, damit sie uns nicht bremsen, sondern vielleicht sogar unterstützen?
- Wie werden wir unberechenbare Personen mitnehmen?

Verteilen Sie die entsprechenden »Betreuungsaufgaben« für wichtige Akteure sinnvoll im Team.

➲ *Siehe Toolbox: 5h Vorlage Kraftfeldanalyse 2*

Es ist wichtig, mit diesem Instrument sensibel umzugehen!

> Bewahren Sie die Namen der Akteure unbedingt getrennt von den eingezeichneten Zahlen auf, damit diese nicht miteinander in Verbindung gebracht werden können, falls Unbefugte auf die Analyseergebnisse stoßen.

Im Laufe des Projekts kann es hilfreich sein, die Kraftfeldanalyse von Zeit zu Zeit zu wiederholen, um sie den aktuellen Entwicklungen/Einflüssen anzupassen.

# Kapitel 6

# Auswahl und Steuerung von Externen

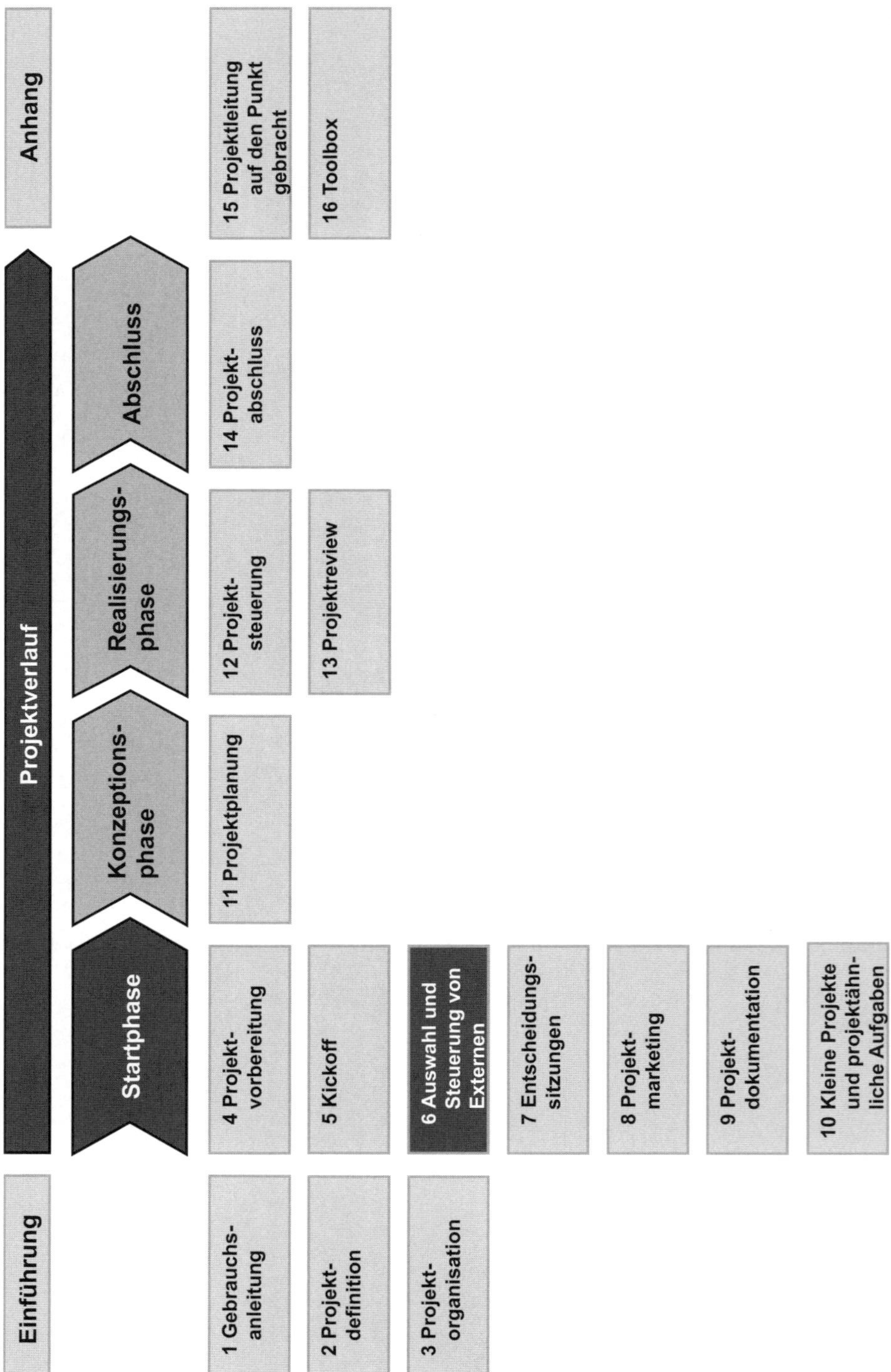
Einführung
Projektverlauf
Anhang
Startphase
Konzeptions-phase
Realisierungs-phase
Abschluss
1 Gebrauchs-anleitung
2 Projekt-definition
3 Projekt-organisation
4 Projekt-vorbereitung
5 Kickoff
6 Auswahl und Steuerung von Externen
7 Entscheidungs-sitzungen
8 Projekt-marketing
9 Projekt-dokumentation
10 Kleine Projekte und projektähn-liche Aufgaben
11 Projektplanung
12 Projekt-steuerung
13 Projektreview
14 Projekt-abschluss
15 Projektleitung auf den Punkt gebracht
16 Toolbox

In vielen Projekten haben Sie es auch mit externen Partnern zu tun, etwa Lieferanten bestimmter Komponenten oder Firmen, die eine Beratungsleistung für Sie erbringen. Setzen Sie auch die Zusammenarbeit mit diesen externen Beteiligten gleich von Anfang an richtig auf! Nur so können Sie Reibungspunkten, Missverständnissen, Verzögerungen oder gar schweren Krisen in der Zusammenarbeit aktiv vorbeugen.

Steuern Sie externe Projektpartner genauso aktiv wie alle anderen Komponenten Ihres Projekts!

## 6.1 Auswahl externer Partner

Die Steuerung externer Partner beginnt bereits mit der bewussten und sorgfältigen Auswahl (Tabelle 6.1). Als Projektleiter sollten Sie immer in die Auswahl der Projektpartner involviert sein und sich auch mit bereits im Vorfeld beauftragten Externen kritisch auseinandersetzen. Tun Sie dies auch dann mutig und konsequent, wenn der Externe ein guter Bekannter eines Kollegen oder einer Führungskraft ist – beziehungsweise gerade dann. Denn genau dort, wo Bekanntheit und freundschaftliche Kontakte bestehen, wird oft nicht mehr genau genug hingesehen.

Tabelle 6.1 zeigt hilfreiche Fragen zur Auswahl externer Partner.

| Fragen zur Auswahl externer Partner |
|---|
| ■ Gibt es bereits Erfahrungen aus dem eigenen Unternehmen mit dem externen Partner?<br>■ Wird er einmal oder mehrmals beauftragt werden?<br>■ Wie hoch wird der Grad der Abhängigkeit von dem Externen sein?<br>■ Ist er Monopolist oder existiert ein qualifizierter Markt für diese Leistung?<br>■ Was ist die Qualität der Leistung des externen Projektpartners?<br>■ Welche Referenzen oder Erfahrungen anderer Auftraggeber gibt es?<br>■ Wie wird speziell die Termintreue eingeschätzt?<br>■ Wie sind die finanzielle Situation und die Liquidität des Externen?<br>■ Gibt es Gründe, weshalb der Externe besser vor Ort angesiedelt sein sollte, oder spielt die geografische Distanz keine Rolle?<br>■ Wie hoch werden die eventuell entstehenden Reisekosten sein?<br>■ Gibt es Vertraulichkeitsprobleme durch Aufträge bei Mitbewerbern? |

**Tabelle 6.1** Checkliste zur Auswahl externer Partner

Sollten Sie auf die Leistung eines Monopolisten angewiesen sein, haben Sie prinzipiell eine schwächere Ausgangssituation und auch meist wenig Spielraum beim Preis. Der persönliche Kontakt und die Qualität der Beziehung zueinander spielen für die Steuerung eines Monopolisten daher eine besondere Rolle.

Vergeben Sie an unbekannte Externe möglichst keine großen Projekte! Und wenn Sie eine Referenz haben, rufen Sie dort auch wirklich an und nutzen Sie diese Chance, an Informationen und Erfahrungswerte aus erster Hand zu kommen.

Der Erfolg von Projekten hängt neben dem Know-how und der thematischen Arbeit stark von den Persönlichkeiten und der Art der Zusammenarbeit ab. Lernen Sie daher Ihren externen Projektpartner intensiv kennen und lassen Sie sich schriftlich zusichern, dass konkrete Mitarbeiter für Ihr Projekt abgestellt werden und auch entsprechend verfügbar sind.

**Tipps für die Angebotsphase**

- Lassen Sie sich in der Angebotsphase von Einkaufsfachleuten in Ihrem Unternehmen und deren Erfahrungswerten unterstützen.
- Verlangen Sie, dass jeder Anbieter alle Kosten zu den angebotenen Positionen aufführt und auch Angaben zu potenziellen Kosten nach Projektabschluss macht, z. B. Betrieb, Support-Szenarien.
- Machen Sie möglichst genaue und klare Vorgaben für die Erstellung der Angebote, sodass diese für Sie leicht vergleichbar sind, z. B.
  - vorgegebene Gliederung des Angebots,
  - Art der Kostendarstellung,
  - Angaben zu Funktionalität, Benutzerqualität, Leistungsverhalten,
  - erwartetes Ergebnis oder Nutzen.
- Je individueller Ihre Anforderungen sind, desto detaillierter müssen sie beschrieben sein.
- Prüfen Sie das jeweilige Preis-Leistungs-Verhältnis.
- Achten Sie darauf, dass der externe Partner wirtschaftlich so stark ist, dass er das Projekt auch dann durchführen kann, wenn es für ihn teurer

wird als erwartet bzw. er bei Misserfolg bereits erhaltene Zahlungen zurückzahlen muss.

- Definieren Sie Zwischenergebnisse, die der Partner liefern muss. Legen Sie Abnahmekriterien dafür fest und auch konkrete Strafzahlungen (Pönalen) für den Fall, dass der Partner nicht oder mit Verspätung liefert.
- Nehmen Sie gegebenenfalls erfolgsabhängige Komponenten in den Vertrag auf, d. h. dass ein festgelegter Teil des Honorars dem Externen nur dann bezahlt wird, wenn ein definierter Erfolg eingetreten ist.

## 6.2 Beauftragung externer Partner

Beziehen Sie bei der Beauftragung externer Projektpartner sowohl die Einkaufsabteilung oder -spezialisten als auch hausinterne Juristen ein – je früher, desto besser!

Der Einkauf hat viel Verhandlungserfahrung und zudem die Übersicht über mögliche weitere Auftragsvolumina des Externen. So kann er die Preisgestaltung für Sie positiv beeinflussen.

Die Rechtsabteilung verfügt in der Regel über Vorgaben und Vorlagen (etwa für bestimmte Vertragsarten), die zu beachten sind und anschließend die Steuerung der Externen erheblich erleichtern können.

So kann die Rechtsabteilung Sie unterstützen:

- Unterstützung bei Vertragsverhandlungen,
- Überprüfung der Vertragsdokumente auf Vollständigkeit,
- Identifizierung problematischer bzw. kritischer Vertragsklauseln,
- Berücksichtigung des speziellen Projektkontextes,
- inwieweit Projektkontext und -abgrenzung mit dem Vertrag übereinstimmen und wo es Abweichungen gibt,
- Empfehlungen für Vertragsänderungen,
- Benennung von unklaren bzw. fehlenden Vertragsbestandteilen,

- Prüfung und Abgleich mit früheren Verträgen dieses Vertragspartners,
- Hilfe bei der Fristenverwaltung (Kündigung, Gewährleistung und Optionen).

Beachten Sie die Compliance- und Datenschutzregelungen Ihres Unternehmens.

Fixieren Sie im Vertrag auch:

- Reporting des externen Partners
  - welche Reports zu erstellen sind,
  - wie oft,
  - Konsequenzen bei Nichteinhaltung,
  - Dokumentationsrichtlinien,
  - Regeln und Normen.
- Kommunikationsstruktur vom/zum externen Partner
  - Ansprechpartner,
  - Telefonnummern, Fax, E-Mail,
  - Erreichbarkeit,
  - Urlaubsvertretungen bzw. Vertretungen generell,
  - Überwachung und Kontrollen.

Regeln Sie auch solche vermeintlichen Kleinigkeiten vertraglich. Das ist keineswegs kleinkariert oder überregulierend, sondern professionell und vorausschauend. Sie vermeiden damit Missverständnisse und Quellen für Verärgerung im Projektverlauf auf beiden Seiten.

## 6.3 Steuerung externer Partner im Projekt

Auch Externe sind umso leichter zu steuern, je enger Sie mit Ihnen in Kontakt stehen. Binden Sie daher wichtige Externe intensiv in das Projekt ein – gegebenenfalls sogar als festen Bestandteil des Projektteams.

Betrachten Sie die Externen wirklich als Partner und klären Sie, welche Spielregeln und Vereinbarungen für die laufende Zusammenarbeit notwendig sind, damit diese Partnerschaft zur Zufriedenheit aller Beteiligten funktioniert.

> Steuern Sie Ihre externen Projektpartner!
> Schließlich brauchen Sie von ihnen ein bestimmtes Ergebnis und zahlen auch dafür!

Dies gilt auch, wenn Sie Externe schon von früher kennen und wissen, wie die Zusammenarbeit funktioniert. Klären Sie immer wieder Details und Spielregeln! Kontrolle ist nicht nur erlaubt, sondern sogar notwendig. Kontrollieren Sie den Zwischenstand bzw. die Entwicklung der Arbeitspakete, die Ergebnisse, die Reports, die Qualität der von Externen eingesetzten Mitarbeiter, die Auslastung, die Angemessenheit des Arbeitsaufwands usw.

Tabelle 6.2 hilft Ihnen bei der Steuerung von externen Beteiligten.

**Steuerung von externen Partnern**

Achten Sie vor allem auf:

- harmonisierte Projektpläne: Passt Ihr Projektplan mit dem des Externen zusammen?
- konsistenten gemeinsamen Informationsstand über den Projektverlauf
- gleiche Sichtweisen und Zielsetzungen
- abgestimmte Kommunikationsplanung: Wer erzählt was, wann, wem, wie?
- Einhaltung aller vertraglichen Absprachen

Machen Sie sich auch die Risiken bewusst und managen Sie diese:

- mangelnde Qualität der Leistung/Lieferung
- Terminüberschreitungen
- unzureichende Kommunikation/Information
- Veränderung von Prioritäten (der Externe hat andere wichtigere Projekte)
- interne Schwierigkeiten beim Externen (z. B. Organisationsänderungen)
- Zusatzkosten, die beim Externen im Projektverlauf entstehen und in Rechnung gestellt werden könnten
- finanzielle Probleme des Externen

**Tabelle 6.2** Checkliste zur Steuerung externer Partner

Auch wenn der Externe bisher von anderen Kollegen, z. B. aus dem Fachbereich, gesteuert wurde: Jetzt sind Sie als Projektleiter der Auftraggeber des Externen, tragen die Verantwortung und haben deshalb die Zügel in der Hand.

Regeln Sie Abweichungen und Erweiterungen zum ursprünglichen Vertrag am besten in separaten Vertragsnachträgen, um die Beziehung zum externen Partner nicht durch Mehrkostendiskussionen zu belasten.

Achtung! Auch der Auftraggeber, z. B. der Projektleiter, liefert oft die Basis für Risiken oder Probleme in der Zusammenarbeit mit Externen. Mögliche Ursachen sind:

- unzureichende Spezifikation der Leistung/Lieferung,
- unrealistische Zielvorgaben,
- unzureichender Vertrag,
- mangelnde Kommunikation mit dem Externen,
- Gründe und Anlässe für Mehrkosten und Mehraufwände beim Externen, die nicht eindeutig vereinbart und geregelt sind.

Wenn Schwierigkeiten auftreten, ziehen Sie die Rechtsabteilung oder Juristen als Berater so früh wie möglich hinzu – und wenn es nur dazu dient, dass Sie sich über Ihre rechtlichen Möglichkeiten oder den Umgang mit Fristen informieren. Die meisten Juristen in Unternehmen haben viel Erfahrung und Know-how und können in der Gesprächsvorbereitung helfen oder sogar an kritischen Gesprächen und Verhandlungen teilnehmen.

Nutzen Sie dieses Angebot!

#### Zusammenfassung

Für die Zusammenarbeit mit externen Partnern gilt wie im gesamten Projektmanagement:

- Wählen Sie Ihre Mitspieler bewusst aus!
- Schaffen Sie zu Beginn eine tragfähige Basis (Vertrag, Vereinbarungen, Spielregeln)!
- Steuern Sie präventiv und aktiv!
- Kontrollieren Sie an den richtigen Stellen!
- Managen Sie die Risiken!

# Kapitel 7

# Entscheidungssitzungen

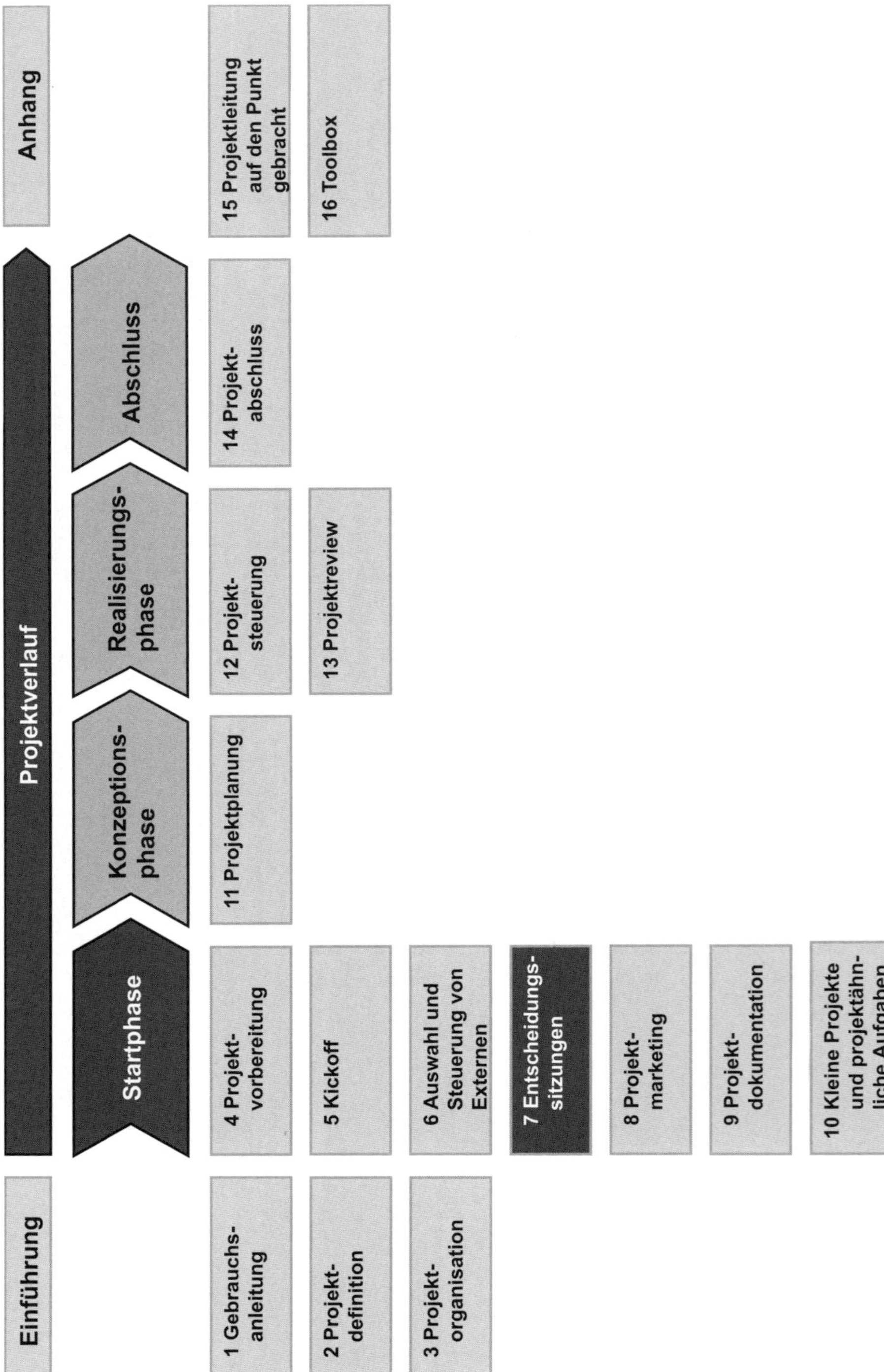
Einführung
Projektverlauf
Anhang
Startphase
Konzeptions-phase
Realisierungs-phase
Abschluss
1 Gebrauchs-anleitung
2 Projekt-definition
3 Projekt-organisation
4 Projekt-vorbereitung
5 Kickoff
6 Auswahl und Steuerung von Externen
7 Entscheidungs-sitzungen
8 Projekt-marketing
9 Projekt-dokumentation
10 Kleine Projekte und projektähn-liche Aufgaben
11 Projektplanung
12 Projekt-steuerung
13 Projektreview
14 Projekt-abschluss
15 Projektleitung auf den Punkt gebracht
16 Toolbox

Projektteams brauchen Entscheidungen!

Die fachlichen, inhaltlichen und organisatorischen Entscheidungen im Projekt trifft der Projektleiter mit seinen Mitarbeitern überwiegend selbständig, sofern sie sich im Rahmen des genehmigten Projektauftrags bewegen (siehe Kapitel 4 »Projektvorbereitung«) und das Projekt gut läuft. Wenn Sie aber nicht mehr weiterkommen, weil eine Entscheidung unmittelbar den Kern des Projekts oder den Projektauftrag betrifft, brauchen Sie den Auftraggeber, den Lenkungsausschuss oder ein anderes übergeordnetes Entscheidungsgremium. Das gilt auch bei Erreichen wichtiger Meilensteine (wie der Abnahme eines wichtigen Konzepts, dem Abschluss des Pilotprojekts oder dem Übergang von einer Projektphase in die nächste) oder für andere richtungweisende Abstimmungen.

Wenn der Auftraggeber oder das betreffende Gremium Entscheidungen dann nicht wie erhofft trifft oder sie verzögert, liegt es nicht selten daran, dass Sie als Projektleiter diese Entscheidungssitzung unzureichend vorbereitet und nicht professionell genug durchgeführt haben. Eine Nichtentscheidung kann gravierende Folgen für das Projekt haben, je nachdem wie viele Entscheidungssitzungen Sie im Projektverlauf angesetzt haben und in welchen Abständen. Es könnte sich zum Beispiel das Projektende bzw. der Start der nächsten Projektphase erheblich verzögern.

Terminieren Sie die Entscheidungssitzungen rechtzeitig, nach Möglichkeit schon zu Projektbeginn! Bereiten Sie die Sitzungen intensiv vor und investieren Sie dafür die notwendige Zeit!

## 7.1 Vorbereitung von Entscheidungssitzungen

Damit Sie bei der Vorbereitung der Entscheidungssitzungen nichts Wesentliches übersehen, orientieren Sie sich an der in Tabelle 7.1 dargestellten Checkliste.

**Folgende Aspekte sollten bei der Vorbereitung einer Entscheidungssitzung berücksichtigt werden:**

- Termin festlegen
- Teilnehmerkreis festlegen
- Einladung an alle Teilnehmer verschicken, inklusive
  - Ziele der Sitzung
  - Tagesordnungspunkte
  - Raum
  - Dauer
- Raum, Moderationsmaterial und gegebenenfalls Catering rechtzeitig organisieren
- Inhalte (Informationen, Entscheidungen, Konzepte) für die Sitzung im Projektteam besprechen
- Entscheidungsunterlagen vorbereiten
  - konzentrieren auf das Wesentliche
  - mit den für die Entscheider relevanten Inhalten und Informationen
  - inklusive Entscheidungsoptionen und -empfehlungen, die den Teilnehmern die Entscheidungsfindung erleichtern
- Regieplan/Ablaufplan für die Entscheidungssitzung erstellen
- Präsentation erstellen/Themen visualisieren (Flipchart, Beamer, Handout)
- Agenda und gegebenenfalls ausgewählte Entscheidungsunterlagen vor der Sitzung an die Entscheider schicken
- Rollenverteilung festlegen (Moderator, Protokollant)
- Trockenlauf, »Generalprobe« durchführen (zumindest vor der ersten Entscheidungssitzung)

**Tabelle 7.1** Checkliste zur Vorbereitung von Entscheidungssitzungen

Suchen Sie sich für die Generalprobe vor der ersten oder einer besonders wichtigen Entscheidungssitzung Vertraute (z. B. aus Ihrem Projektteam oder Kollegenkreis), die in die Rollen der »Entscheider« schlüpfen und Ihnen anschließend Rückmeldung geben zu Ihrem Auftreten, dem Argumentationsaufbau, der Qualität Ihrer Unterlagen und dem von Ihnen vorgesehenen Sitzungsablauf. Auch wenn so eine Probe Sie beim ersten Mal vielleicht Überwindung kosten mag: Es lohnt sich, weil Sie wertvolle Hinweise für die »echte« Entscheidungssitzung erhalten!

Folgende Tools und Tipps unterstützen Sie darüber hinaus beim professionellen Auftritt vor Entscheidern:

➲ *Siehe Toolbox: 7a Checkliste für Lenkungsausschusssitzungen*

➲ *Siehe Toolbox: 7b Vorschlag zur Gliederung der Agenda*

➲ *Siehe Toolbox: 7c Leitfaden zum Aufbau von Argumentationen*

## 7.2 Durchführung von Entscheidungssitzungen

Der wesentliche Erfolgsfaktor für die zielorientierte Durchführung von Entscheidungssitzungen ist eine gute Sitzungsmoderation. Die Moderation übernimmt in der Regel der Projektleiter. Falls Ihnen das überhaupt nicht liegt, delegieren Sie diese Aufgabe an ein Projektteammitglied, dem Moderieren leicht fällt und Spaß macht.

Als Moderator haben Sie stets die Zeit im Blick, holen Meinungen ein, fragen bei Unklarheiten nach und steuern die Inhalte der Agenda aktiv. Sollten in der Sitzung Fragen aufkommen, die nicht umgehend geklärt oder beantwortet werden können, so ist es eine gute Idee, diese auf Flipchart für alle sichtbar aufzuschreiben. Dann können Sie darauf hinweisen, dass die Frage oder der Hinweis festgehalten ist und eine Antwort im Nachgang zur Sitzung erarbeitet wird. So verlieren Sie in der Sitzung keine Zeit durch ungeplante Diskussionen.

Für die zielorientierte Durchführung der Entscheidungssitzung ist es notwendig, zu Beginn der Sitzung gemeinsame »Spielregeln« für alle Teilnehmer zu definieren. Diese geben dem Moderator die Legitimation, die Teilnehmer bei Bedarf mit einem Verweis auf diese Vereinbarungen »in die Schranken zu weisen«.

Beispiele für Spielregeln und weitere wertvolle Tipps finden Sie hier:

➲ *Siehe Toolbox: 5d Beispiele für Spielregeln*

➲ *Siehe Toolbox: 7d Entscheidungen herbeiführen*

➲ *Siehe Toolbox: 7e Professionelle Präsentation*

➲ *Siehe Toolbox: 7f Professionelle Moderation*

➲ *Siehe Toolbox: 7g Umgang mit unterschiedlichen Charakteren*

Drei Dinge, die Sie in einer Entscheidungssitzung unbedingt vermeiden sollten:

- Verheimlichen oder Verharmlosen von Problemen,
- oberflächliches Abhaken von Punkten,
- Verschleppen von Entscheidungen.

In der Sitzung lassen Sie alle getroffenen Entscheidungen und anfallenden »to do's« durch einen Protokollanten mitschreiben.

## 7.3 Nachbereitung von Entscheidungssitzungen

Aus den Mitschriften in der Sitzung wird im Nachgang ein Protokoll für die Sitzungsteilnehmer erstellt. Halten Sie darin vor allem Entscheidungen und Aufträge verständlich formuliert fest und pflegen Sie diese Informationen auch in Ihre Steuerungstools Jobliste und Decision Diary ein (siehe Kapitel 12 »Projektsteuerung«). Schreiben Sie konsequent dazu, wer einen Auftrag bis wann zu erledigen hat. Das Protokoll sollte den Teilnehmern zeitnah nach der Sitzung zugehen.

Eine übersichtliche Vorlage zur Erstellung von Protokollen finden Sie in der Toolbox.

➲ *Siehe Toolbox: 7h Vorlage Protokoll*

## 7.4 Erfolgskriterien für Entscheidungssitzungen

Die wesentlichen Erfolgskriterien für Ihre Entscheidungssitzungen finden Sie in Tabelle 7.2 noch einmal zusammengefasst.

| Do | Don't |
|---|---|
| ■ Termin mit ausreichender Länge anberaumen<br>■ Vorstellen der erarbeiteten Endprodukte oder Zwischenergebnisse<br>■ Vorstellen der wichtigsten Problemfelder mit Lösungsoptionen<br>■ Konzentration auf das Wesentliche - dies jedoch mit dem nötigen Tiefgang<br>■ Entscheidungs- und Unterstützungsbedarf formulieren<br>■ Vorlage konkreter Entscheidungsoptionen<br>■ Reduktion des Teilnehmerkreises auf themenrelevante Teammitglieder<br>■ Einhalten des Zeitrahmens<br>■ Haben Sie als Projektleiter keine Angst vor starken Managern, die kritische Meinungen haben! | ■ Vorstellen der abgearbeiteten Aktivitäten<br>■ Verheimlichen oder Verharmlosen von Problemen<br>■ Oberflächliche Behandlung einer Vielzahl von (unwichtigen) Punkten<br>■ Erarbeitung des Entscheidungsspielraums allein dem Entscheidungsgremium überlassen<br>■ Auswahl notwendiger Entscheidungen allein dem Entscheidungsgremium überlassen<br>■ Entscheidungen verschleppen |

**Tabelle 7.2** Erfolgskriterien für Entscheidungssitzungen

# Kapitel 8 Projektmarketing

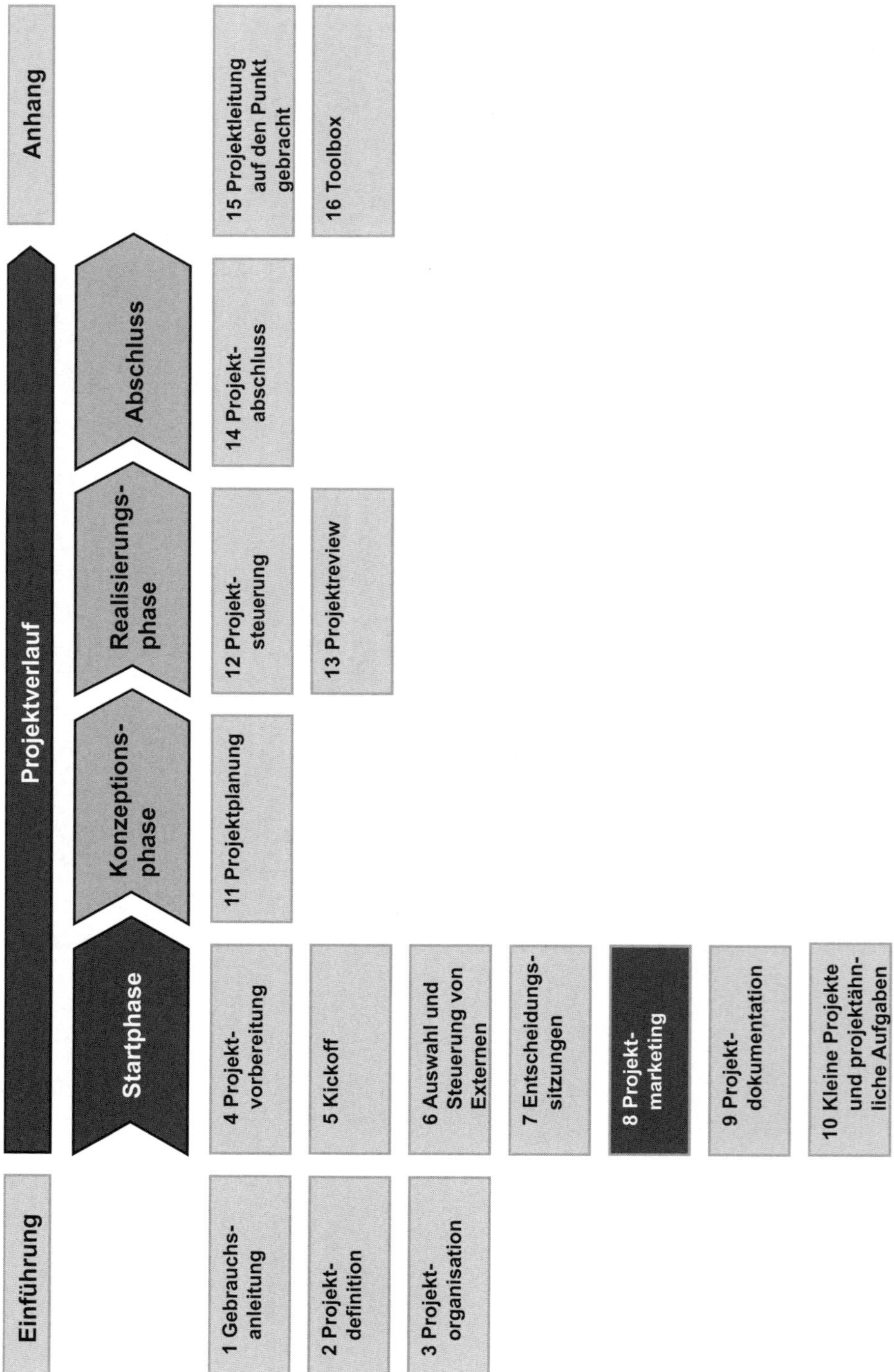
Einführung
Projektverlauf
Anhang
Startphase
Konzeptions-phase
Realisierungs-phase
Abschluss
1 Gebrauchs-anleitung
2 Projekt-definition
3 Projekt-organisation
4 Projekt-vorbereitung
5 Kickoff
6 Auswahl und Steuerung von Externen
7 Entscheidungs-sitzungen
8 Projekt-marketing
9 Projekt-dokumentation
10 Kleine Projekte und projektähn-liche Aufgaben
11 Projektplanung
12 Projekt-steuerung
13 Projektreview
14 Projekt-abschluss
15 Projektleitung auf den Punkt gebracht
16 Toolbox

So wichtig die Startphase, die Auswahl geeigneter Partner und professionelle Entscheidungssitzungen für den Projekterfolg sind – sie sind noch kein Erfolgsgarant. Häufig unterschätzen Projektleiter den Widerstand der betroffenen Bereiche gegen die Projektarbeit und die Projektergebnisse.

Ein Projekt

- bewirkt Veränderung,
- durchbricht Routine,
- generiert Ängste und
- erzeugt dadurch Widerstände.

Deshalb müssen Sie und Ihr Team rechtzeitig und ausreichend über das Projekt informieren und Marketing für Ihr Projekt bzw. dessen Ergebnisse betreiben!

> Projektmarketing fördert Akzeptanz, Transparenz und Vertrauen und trägt somit wesentlich zum Projekterfolg bei.

Nutzen Sie daher die Instrumente des Projektmarketings und räumen Sie diesen einen festen Platz im Projektverlauf ein.

## 8.1 Nutzen des Projektmarketings

Sie fördern die Akzeptanz für die Projektziele und stellen die Umsetzung der Projektergebnisse sicher, indem Sie

- Betroffene zu Beteiligten machen,
- Dialog anregen und Feedback herausfordern sowie
- Spannungen und Konflikte vermeiden bzw. frühzeitig entschärfen.

Unterschätzen Sie die Bedeutung von Projektmarketing nicht: Kommunikation ist längst durch Studien als Faktor nachgewiesen, der maßgeblich zu Erfolg oder Misserfolg von Projekten beiträgt. Räumen Sie ihr also den Stellenwert ein, der ihr gebührt!

## 8.2 Inhalte des Projektmarketings

Folgende Themen sind klassische Inhalte, die Sie im Rahmen des Projektmarketings kommunizieren können:

- Ausgangssituation,
- Ziele,
- Nutzen des Projekts,
- Hauptfiguren/Verantwortliche,
- Status und wichtige Termine,
- relevante (Zwischen-)Ergebnisse,
- Herausforderungen/Hindernisse,
- Entwicklungspfad als Erfolgsstory bzw. Lernkurve,
- spannende Anekdoten rund um das Projekt,
- zukünftige Herausforderungen.

Bedenken Sie dabei aber unbedingt: Nicht jede dieser Informationen ist für jede Ihrer vielfältigen Zielgruppen relevant.

## 8.3 Zielgruppen

Im Rahmen des Projekts müssen Sie viele verschiedene Zielgruppen bestmöglich erreichen. Bild 8.1 veranschaulicht diesen Aspekt, wobei es in Ihrem Projekt auch weniger, mehr oder andere Zielgruppen geben kann, die Informationen von Ihnen erwarten und benötigen.

**Bild 8.1** Zielgruppen für Projektmarketing

Wichtig ist: Diese unterschiedlichen Zielgruppen bewegen zu Recht völlig verschiedene Fragestellungen und brauchen deshalb vom Projektteam individuelle Antworten (Bild 8.2).

Die Fachbereiche beispielsweise erwarten und benötigen Informationen zu Funktionalitäten, Resultaten und Veränderungen möglichst früh und möglichst gut aufbereitet und am besten kontinuierlich. Ein Lenkungsausschuss oder Entscheidungsgremium wiederum wird in erster Linie nach dem aktuellen Projektfortschritt fragen, der Vorstand oder die Geschäftsführung nach dem Strategie- und Umsatzbeitrag des Projekts, das zentrale Controlling oder ein Project Management Office wird aussagekräftige und belastbare Zahlen zum Budgetverbrauch des Projekts verlangen und der Auftraggeber vor allem auf eine perfekte Performance »seines« Projektleiters Wert legen.

**Bild 8.2** Unterschiedliche Zielgruppen brauchen maßgeschneiderte Botschaften – Beispiele

Machen Sie sich also Gedanken, welche Zielgruppen Sie intern und/oder extern ansprechen wollen bzw. sollten und welche Botschaften jeweils von Belang sind.

## 8.4 Kommunikationswege und Medien

Es gibt viele verschiedene Kommunikationswege und Medien, die Sie für die Akzeptanz und den Erfolg Ihres Projekts nutzen können. Zum Beispiel

- persönliche Gespräche,
- Intranet,
- Newsletter,
- Workshop,
- Roadshow durch die Abteilungen bzw. an verschiedenen Standorten des Unternehmens,

- Promotoren aktiveren (Impulsgeber vor Ort, die die Werbetrommel rühren können),
- Parts in Sitzungen betroffener Abteilungen übernehmen, um zu informieren und Stimmungen wahrzunehmen,
- Flyer,
- Mitarbeiterzeitung,
- Werbemittel.

Erarbeiten und entscheiden Sie mit dem Projektteam bewusst, welche Mittel und Wege für Ihr Projekt angemessen sind und voraussichtlich die beabsichtigte Wirkung bei der jeweiligen Zielgruppe erzielen.

## 8.5 Kommunikationsmatrix

Die gezielte, abgestimmte Kommunikation mit unterschiedlichen Zielgruppen erfolgt also über bewusst und angemessen ausgewählte Medien. Dabei muss der Inhalt der Kommunikation in seinem Ausmaß, Detaillierungsgrad und Schwerpunkt auf die Interessen der jeweiligen Zielgruppe abgestimmt sein. Je nach Umfang, Auswirkung und Bedeutung des Projekts gilt es, die »richtige« Form und den richtigen Projektmarketing-Mix zu finden. Das Topmanagement wird beispielsweise meist gut über Einzelgespräche oder Präsentationen gewonnen, die Mitarbeiter über Newsletter oder das Intranet, betroffene Anwender über Workshops und Schulungen.

In der Toolbox finden Sie zwei Vorlagen, mit denen Sie die geeigneten Kommunikationswege den verschiedenen Zielgruppen zuordnen können.

➲ *Siehe Toolbox: 8a Beispiel Kommunikationsmatrix 1*

➲ *Siehe Toolbox: 8b Vorlage Kommunikationsmatrix 1*

➲ *Siehe Toolbox: 8c Vorlage Kommunikationsmatrix 2*

## 8.6 Konzepterstellung

Weil die Ressourcen im Projekt meist knapp sind, muss das Projektmarketing sehr zielgerichtet erfolgen. Orientieren Sie sich daher an den in Tabelle 8.1 dargestellten sechs Schritten, um ein Marketingkonzept für Ihr Projekt zu erstellen.

| Sechs Schritte zum Projektmarketingkonzept |
|---|
| 1. Aufgabenstellung/Ziel des Projektmarketings spezifisch für das jeweilige Projekt definieren |
| 2. Zielgruppen des Projektmarketings definieren (nicht jedes Projekt ist gleich für das ganze Unternehmen interessant) |
| 3. Kommunikationsmittel/-kanäle festlegen |
| 4. geeignete Anlässe für Kommunikation ermitteln |
| 5. Kommunikationsplan mit festen Maßnahmen und Terminen erstellen und in den Projektplan integrieren |
| 6. Sofortmaßnahmen priorisieren |

**Tabelle 8.1** Entwicklung eines Projektmarketingkonzepts

In manchen Unternehmen können Sie hierbei auch Unterstützung von der Unternehmenskommunikation erhalten. Falls möglich, beziehen Sie einen Kollegen aus diesem Bereich fest in Ihr Projektteam ein, es lohnt sich!

# Kapitel 9

# Projekt-dokumentation

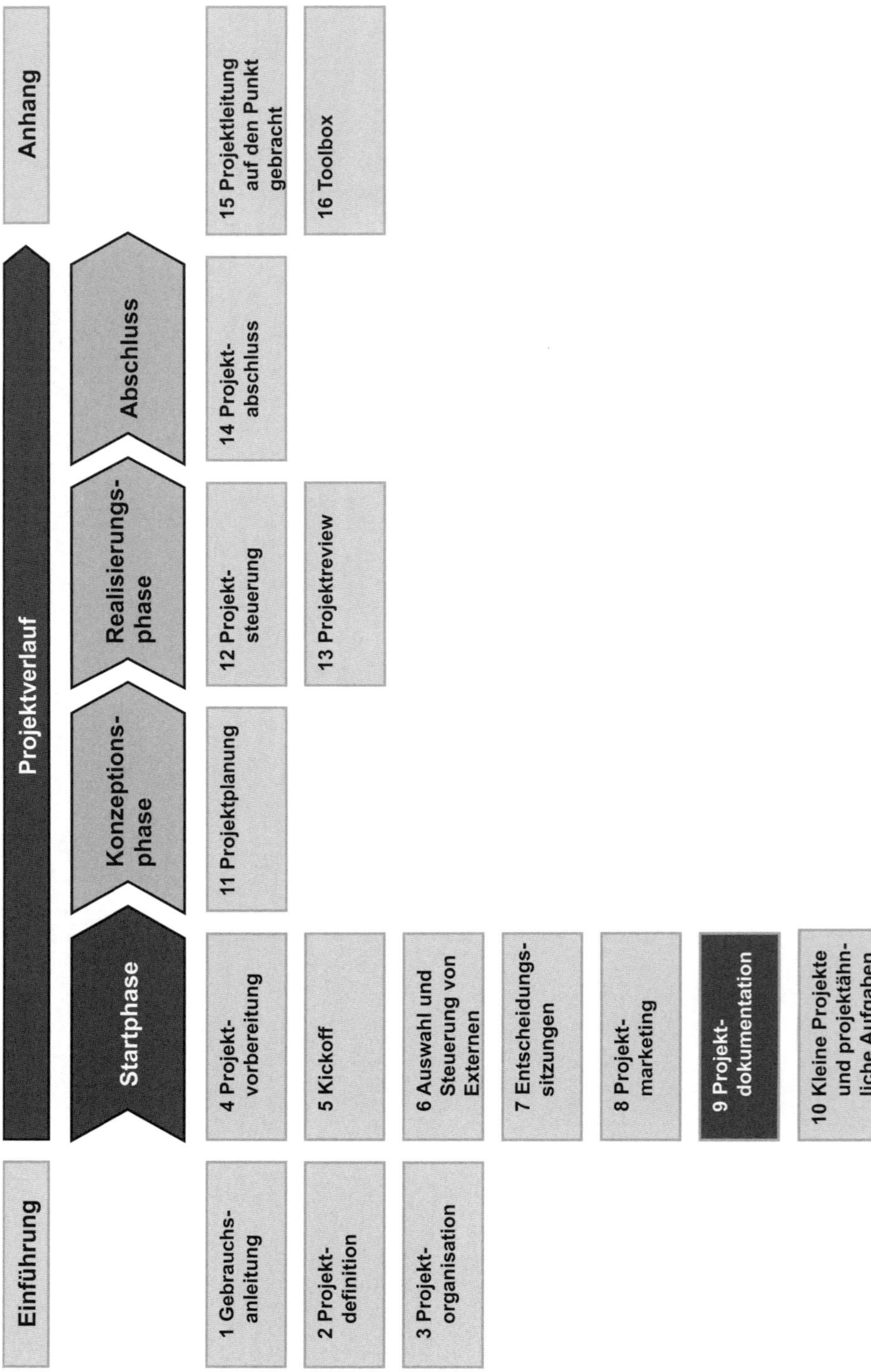
Einführung
Projektverlauf
Anhang
Startphase
Konzeptions-phase
Realisierungs-phase
Abschluss
1 Gebrauchs-anleitung
2 Projekt-definition
3 Projekt-organisation
4 Projekt-vorbereitung
5 Kickoff
6 Auswahl und Steuerung von Externen
7 Entscheidungs-sitzungen
8 Projekt-marketing
9 Projekt-dokumentation
10 Kleine Projekte und projektähn-liche Aufgaben
11 Projektplanung
12 Projekt-steuerung
13 Projektreview
14 Projekt-abschluss
15 Projektleitung auf den Punkt gebracht
16 Toolbox

> Eine effiziente, sinnvolle und konsequente Dokumentation in Projekten erspart Ihnen viel Arbeit und Zeit!

Wenn Diskussionen, Argumente und Entscheidungen nicht strukturiert festgehalten werden, können sie nach einiger Zeit nicht mehr nachvollzogen werden und müssen erneut erarbeitet werden. Trotzdem wird von vielen Projektteams die Projektdokumentation in der Praxis als lästige Aufgabe empfunden und deshalb häufig mit der geringsten Priorität versehen.

Machen Sie diesen Fehler nicht! Definieren Sie bereits zu Beginn des Projekts eine eindeutige Dokumentationsstruktur. Diese sollte auf die Anforderungen des Projekts abgestimmt sein. Verteilen Sie die Dokumentationsaufgaben auf mehrere Projektteammitglieder, sodass der damit verbundene Aufwand für jeden Einzelnen überschaubar bleibt.

Bild 9.1 zeigt ein Beispiel einer Dokumentationsstruktur. Je nach Projekt und Vorgaben Ihres Unternehmens kann oder muss sie auch mehr, weniger oder andere Dokumenttypen enthalten.

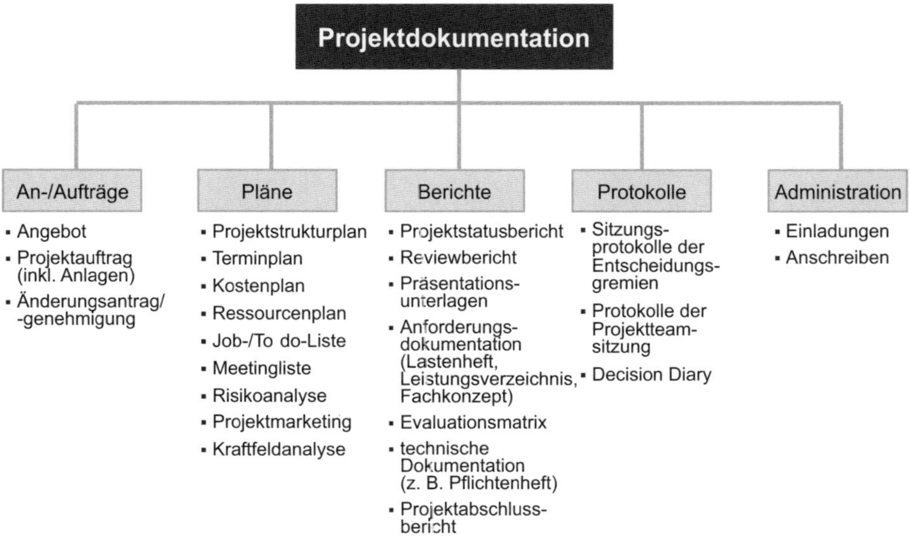


**Bild 9.1** Beispielstruktur für Projektdokumentation

Für die Projektdokumentation ist der Projektleiter verantwortlich. Die Erstellung und Pflege der Dokumente sollten Sie aber auf alle Schultern des Projektteams verteilen. Tabelle 9.1 fasst die wichtigsten Aspekte einer guten Projektdokumentation zusammen.

| Bei der Projektdokumentation sollten Sie folgende Punkte beachten: |
|---|
| ■ Legen Sie eindeutig fest, was Sie warum, wo und für wen festhalten wollen. |
| ■ Es gilt: so viel Information wie unbedingt nötig, so wenig wie irgend möglich. |
| ■ Berücksichtigen Sie schon bei der Projektplanung, wie viel Zeit Sie für die Projektdokumentation benötigen werden. |
| ■ Legen Sie eindeutig und frühzeitig fest, wer aus dem Projektteam für welche Dokumente verantwortlich ist. |
| ■ Legen Sie Projektdokumente nach einer definierten Struktur in einem Verzeichnis ab, auf das das gesamte Projektteam zugreifen kann. |
| ■ Vereinbaren Sie als »Spielregel«, dass und wie jedes Projektteammitglied über neue bzw. veränderte Dokumente informiert wird. |
| ■ Falls es in Ihrem Unternehmen Verantwortliche oder zentrale Einheiten für Qualitätsmanagement, Audits, Compliance oder Ähnliches gibt, informieren Sie sich dort über Vorgaben und Vorlagen. |

**Tabelle 9.1** Tipps für eine gute Projektdokumentation

Dies sind die wichtigsten Prinzipien jeder guten Projektdokumentation:

> Halten Sie alle Dokumente so knapp wie möglich.
>
> Konzentrieren Sie sich auf die für den Empfänger wesentlichen Inhalte.
>
> Vermeiden Sie eine Überinformation.
>
> Dokumentieren Sie so, dass jeder auch nach mehreren Wochen noch weiß, was genau gemeint war.

Zum Abschluss des Projekts dokumentieren Sie, in welchem Status das Projekt beendet wird und welche Erfahrungen im Verlauf gewonnen wurden.

Den Projektabschlussbericht pflegen Sie am besten von Anfang an, dann verursacht seine Fertigstellung zum Ende des Projekts kaum noch Arbeit.

Ein vollständiger Projektabschlussbericht beinhaltet im Wesentlichen folgende Themen:

- Darstellung und Bewertung der erreichten Ergebnisse bezogen auf die Zielsetzung und die Aufgabenstellung,
- Bewertung des Projektverlaufs hinsichtlich Zeit- und Kostenrahmen,
- Betrachtung von Einflussfaktoren und Problemen,
- Analyse der Zusammenarbeit im Projektteam,
- Liste der verbleibenden Restaktivitäten,
- Festlegung des Know-how-Transfers nach Projektabschluss in die Linienorganisation oder in Folgeprojekte.

➲ *Siehe Toolbox: 9a Vorlage Projektabschlussbericht*

➲ *Siehe Toolbox: 9b Beispiel Projektabschlussbericht*

# Kapitel 10

# Kleine Projekte und projektähnliche Aufgaben

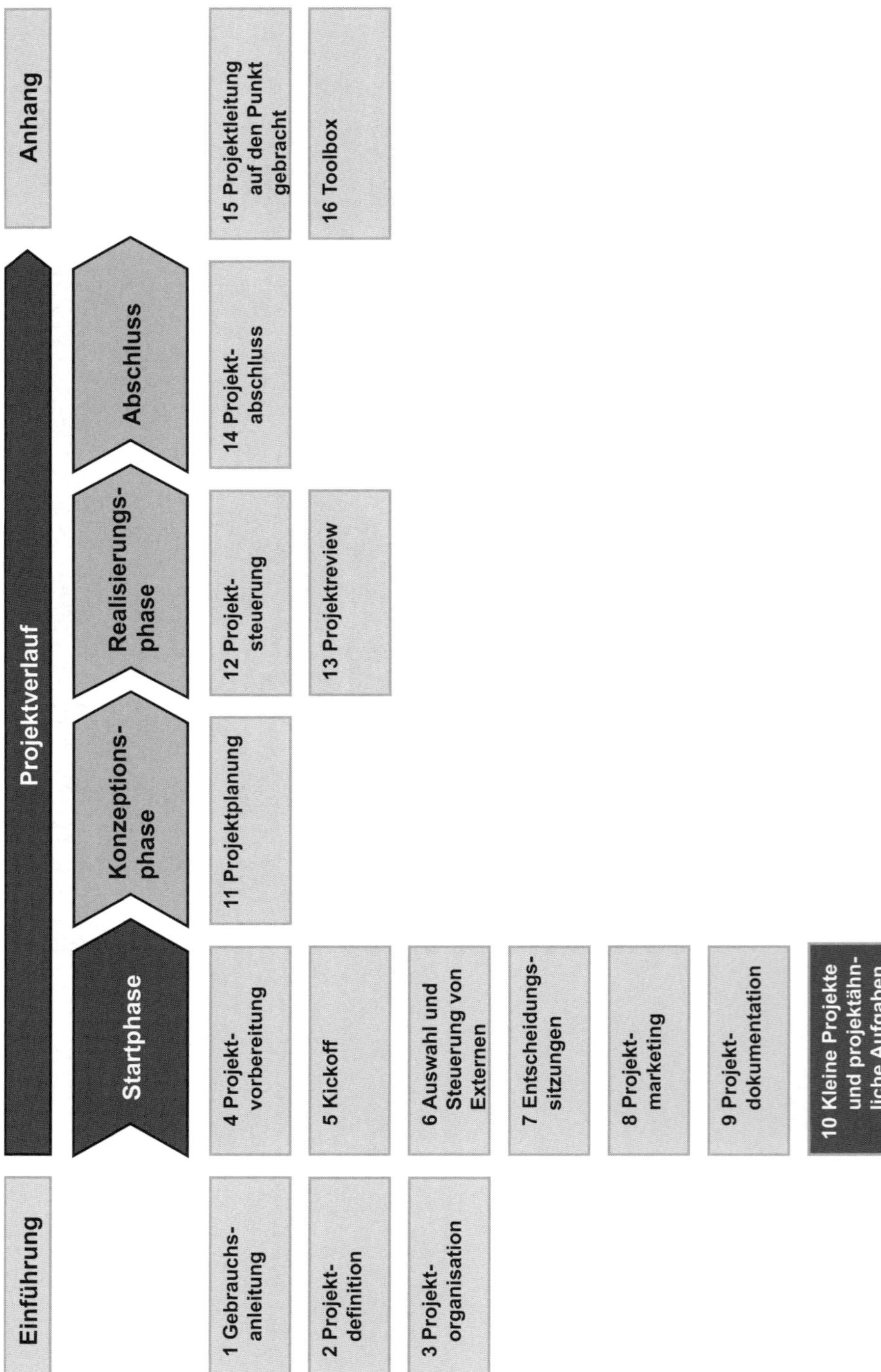
Einführung
Projektverlauf
Anhang
Startphase
Konzeptions-phase
Realisierungs-phase
Abschluss
1 Gebrauchs-anleitung
2 Projekt-definition
3 Projekt-organisation
4 Projekt-vorbereitung
5 Kickoff
6 Auswahl und Steuerung von Externen
7 Entscheidungs-sitzungen
8 Projekt-marketing
9 Projekt-dokumentation
10 Kleine Projekte und projektähn-liche Aufgaben
11 Projektplanung
12 Projekt-steuerung
13 Projektreview
14 Projekt-abschluss
15 Projektleitung auf den Punkt gebracht
16 Toolbox

Im Rahmen des Tagesgeschäfts tauchen immer wieder Aufgabenstellungen auf, die den Kriterien von Projekten nicht vollständig entsprechen, gleichzeitig aber Merkmale aufweisen, die sie zu kleinen Projekten bzw. projektähnlichen Aufgaben machen (Tabelle 10.1). In diesen Fällen ist es äußerst hilfreich, wenn Sie Teile des Projektmanagement-Instrumentariums und -Vorgehens einsetzen.

| Kleine Projekte und projektähnliche Aufgaben verfügen zumeist über folgende Eigenschaften: |
|---|
| ▪ wiederkehrende Aufgabenstellungen mit besonderem Charakter und/oder von besonderer Bedeutung |
| ▪ mehrere thematische Schnittstellen und Zusammenhänge |
| ▪ in der Regel organisationsübergreifend, d. h. verschiedene Fachdisziplinen, Abteilungen, Bereiche, Firmen, Standorte, Länder oder externe Partner sind beteiligt |
| ▪ fixierter Anfangs- und Endtermin |
| ▪ eindeutige inhaltliche Zielsetzung |

**Tabelle 10.1** Merkmale kleiner Projekte und projektähnlicher Aufgaben

Solche kleinen Projekte und projektähnlichen Aufgaben können z. B. regelmäßig wiederkehrende oder ähnlich lautende Kundenaufträge sein, Großveranstaltungen wie etwa Hauptversammlungen, Messeauftritte, Firmenfeiern oder auch Marketing-Kampagnen, Presse-Events oder kleine Software-Weiterentwicklungen.

Auch für kleine Projekte und projektähnliche Aufgaben sind die Tipps und Tools in diesem Buch sinnvoll. Es wäre für solche Vorhaben allerdings zu aufwändig, alle Instrumente und Vorgehensweisen des Projektmanagements anzuwenden. Eine sinnvolle Auswahl daraus hilft allerdings bei der Lösung dieser Aufgabenstellungen

- mit Effizienz,
- einem reibungslosen Ablauf,
- mehr Verbindlichkeit in der Durchführung

und unterstützt damit Ihren Erfolg.

Tabelle 10.2 zeigt Ihnen, welche Tools und Methoden Sie auch bei kleineren Projekten sehr gut unterstützen.

| Folgende Instrumente und Vorgehensweisen sind wertvoll für kleine Projekte und projektähnliche Aufgaben: |
|---|
| ■ eindeutig formulierter Auftrag mit klarer Zielsetzung |
| ■ klar benannter Projektleiter bzw. Steuerer |
| ■ Kickoff und regelmäßige Meetings für Austausch und Fortschrittskontrolle |
| ■ zeitliche (Grob-)Planung |
| ■ Spielregeln |
| ■ zentrale Jobliste |

**Tabelle 10.2** Instrumentarium für kleine Projekte und projektähnliche Aufgaben

## 10.1 Eindeutiger Auftrag mit klarer Zielsetzung

Gerade Aufgabenstellungen mit dem Charakter kleiner Projekte oder projektähnliche Aufgaben werden oftmals auf die Schnelle, mit wenigen Worten und entsprechend unklarer Zielsetzung an jemanden übergeben oder es handelt sich um eine Tätigkeit, die immer wieder vorkommt, und bei der klar sein sollte, was zu tun ist und wer es zu tun hat. Oft ein Irrtum!

Klären Sie als Steuerer oder Projektleiter auch hier – genauso wie in größeren Projekten – die konkrete Zielsetzung (siehe dazu Kapitel 4 »Projektvorbereitung«).

Sicher ist es nicht immer erforderlich, den Projektauftrag bis auf die letzte Zeile auszufüllen. Doch Sie werden erstaunt sein, wie viele wertvolle Aspekte und Gedanken Sie entdecken werden, wenn Sie mithilfe des Projektauftragsformulars vorgehen. Die Teile, die für Ihre Aufgabenstellung nicht relevant sind, lassen Sie dabei weg.

➲ *Siehe Toolbox: 4a Vorlage Projektauftrag*

Sorgen Sie dafür, dass jeder an der Aufgabe bzw. am Projekt Beteiligte das gleiche Bild und die gleiche Kenntnis von der Zielsetzung hat.

Stimmen Sie die Ziele gegebenenfalls umfassend mit dem Auftraggeber ab und halten Sie sie für alle Beteiligten schriftlich fest.

Kriterien für eine gute Zielformulierung sind:

- ergebnisorientiert,
- im erreichten Zustand formuliert (im Präsens),
- zeitlich befristet,
- messbar und überprüfbar,
- eindeutig und nicht interpretierbar,
- klar und auf den Punkt gebracht,
- anspruchsvoll, aber erreichbar.

Weitere Hinweise und Beispiele dazu finden Sie in den Kapiteln 4.3 »Erstellung des Projektauftrags« und 4.4 »Projektziele«.

## 10.2 Projektleiter bzw. Steuerer

Auch kleine Projekte oder projektähnliche Aufgaben benötigen jemanden, der die Führung und Steuerung übernimmt. Auch hier gilt also:

> Einer muss den Hut aufhaben!

Der Auftraggeber oder die Führungskraft, in deren Verantwortungsbereich das Kleinprojekt fällt, muss deshalb jemanden benennen, der die Steuerung verantwortlich übernimmt, den Überblick behält und auch entsprechende zeitliche Ressourcen zur Verfügung hat. Dieser Steuerer muss eindeutig benannt und allen Beteiligten gegenüber offiziell kommuniziert werden, damit er wirksam in seine Rolle gehen kann.

Der Projektleiter oder Steuerer sollte ausreichend Erfahrung mit der Steuerung komplexer Aufgaben haben. Denn in dieser Rolle müssen Sie sich regelmäßig einen Überblick über die relevanten Projektdokumente und -pläne verschaffen und somit die Zügel in der Hand behalten können. Sie benötigen also auch genügend zeitlichen Spielraum.

## 10.3 Kickoff und Meetings

Für jede komplexere Aufgabenstellung gilt das Motto:

> Alle an einen Tisch!

Gerade in kleinen Projekten und im Rahmen projektähnlicher Aufgaben wird oft zu viel bilateral kommuniziert und zu wenig im Kreise aller Beteiligten. Dies führt immer wieder dazu, dass es kein gemeinsames und klares Bild von dem Vorhaben und dessen Verlauf gibt. Zudem sind viele kurze Zweierbesprechungen weniger effizient als ein etwas längeres gemeinsames Treffen mit allen relevanten Beteiligten.

Führen Sie daher zu Beginn auf jeden Fall ein Kickoff mit folgenden Themen durch:

- Vorstellungsrunde oder kurzes »Aufwärmen«,
- Hintergrundinformationen, Rahmenbedingungen und Zusammenhänge offenlegen,
- Projektziele erarbeiten oder konkretisieren,
- Rollen klären,
- Spielregeln vereinbaren,
- Grobplanung des Projekts,
- Vorgehensweise und Jobs bis zum nächsten Treffen.

Das Kickoff ist der offizielle Startschuss für die Projektarbeit und legt die Basis für ein einheitliches Verständnis der Ziele, des Ablaufs und der Art der Zusammenarbeit. Es fördert zudem die Identifikation mit der Aufgabe und die Motivation. Überlegen Sie, ob gerade zum Kickoff (ganz oder zeitweise) auch andere in die Aufgabe involvierte Personen dazukommen sollten, zum Beispiel Vertreter aus anderen Abteilungen oder Agenturmitarbeiter.

Bereiten Sie dieses erste Treffen intensiv vor, denn hier legen Sie die Basis für eine erfolgreiche Zusammenarbeit mit den Beteiligten!

Sorgen Sie als Steuerer solcher Aufgabenstellungen auch im weiteren Verlauf dafür, dass immer wieder alle Beteiligten wissen,

- wo das Vorhaben steht,
- welche Jobs erledigt sind und welche nicht,
- was bereits erfolgreich bewältigt wurde und
- wo mit Verzögerungen oder Schwierigkeiten zu rechnen ist.

Nur so sind alle Beteiligten permanent in der Lage, die Notwendigkeit ihrer eigenen Jobs, deren Dringlichkeit und die Auswirkungen bei Nichterledigung einzuschätzen. Auf diese Weise entsteht deutlich mehr Verständnis für das ganze Vorhaben und ein hohes Maß an Verbindlichkeit. Besprechen Sie bereits im Kickoff, wie oft, wie lange und zu welchen Agendapunkten Sie sich treffen werden und wer jeweils dabei sein wird.

## 10.4 Zeitliche (Grob-)Planung

Auch kleine Projekte oder projektähnliche Aufgaben erfordern eine zeitliche Planung!

Ziel und Sinn der Planung ist es,

- den Ablauf für alle überschaubar zu machen,
- die Aufgabenstellung zu strukturieren,
- den Zeitaufwand sowohl im Ganzen als auch in Teilen zu ermitteln,
- Entscheidungspunkte festzulegen (Meilensteine),
- Abhängigkeiten zu erkennen und zu definieren und
- detaillierte Aufgaben festzulegen.

Alle Beteiligten sollten gemeinsam planen, damit sie sowohl die Vorgehensweise als auch die zeitlichen Schätzungen verstehen und mittragen können. Nur dann werden sie auch motiviert sein, sich daran zu halten. Weitere Details zur Projektplanung finden Sie in Kapitel 11 »Projektplanung«.

## 10.5 Spielregeln

Immer wenn mehrere Beteiligte an einer Aufgabenstellung arbeiten, sind Regeln bzw. Vereinbarungen zur gemeinsamen Arbeit notwendig und sinnvoll. Treffen Sie im Rahmen des Kickoffs schriftliche Vereinbarungen zu mindestens folgenden Themen:

- Information (was, durch wen, wie oft und auf welchem Weg?),
- Kommunikation (wann sprechen Sie wie oft auf welchem Weg mit wem?),
- Dokumentation (wer macht was, wie und wo liegt es?),
- Umgang mit den Jobs, z. B. wenn Schwierigkeiten bei der Erledigung auftauchen.

Mehr zu diesem Thema können Sie in Kapitel 5 »Kickoff« nachlesen.

➲ *Siehe Toolbox: 5d Beispiele für Spielregeln*

## 10.6 Jobliste

Das wichtigste Tool zur Steuerung von kleinen Projekten und projektähnlichen Aufgaben ist die Jobliste.

➲ *Siehe Toolbox: 12b Vorlage Jobliste*

Wichtig ist, dass es genau ein zentrales Dokument gibt, in dem alle Jobs festgehalten werden und zeitlich sortiert sind.

Die Jobliste dient als Speicher für die im Projektverlauf noch zu bearbeitenden Aufgaben. Neue Jobs werden in der Regel in den gemeinsamen Meetings oder Telefonkonferenzen »entdeckt«. Sie werden dort definiert, terminiert und einem Mitarbeiter zugewiesen, der die Durchführung verantwortet.

Der Steuerer kontrolliert die Erledigung dieser Punkte. Dies allerdings nicht erst zu dem Zeitpunkt, zu dem der Job erledigt sein sollte, sondern gerade bei kritischen und wichtigen Jobs bereits frühzeitig, damit gegebenenfalls Unterstützung organisiert werden kann.

Spätestens in den Meetings oder Telefonkonferenzen wird der Bearbeitungsstand der Jobs gemeinsam geprüft und Termine werden eventuell verschoben. Erstellen Sie zu diesen Meetings auch Protokolle oder nutzen Sie das Decision Diary, halten Sie also wichtige Entscheidungen, Argumente und Überlegungen fest. Die Aufgaben wandern jedoch immer auch in die zentrale Jobliste!

Mehr Details zur Projektsteuerung finden Sie in Kapitel 12 »Projektsteuerung«.

# Kapitel 11

# Projektplanung

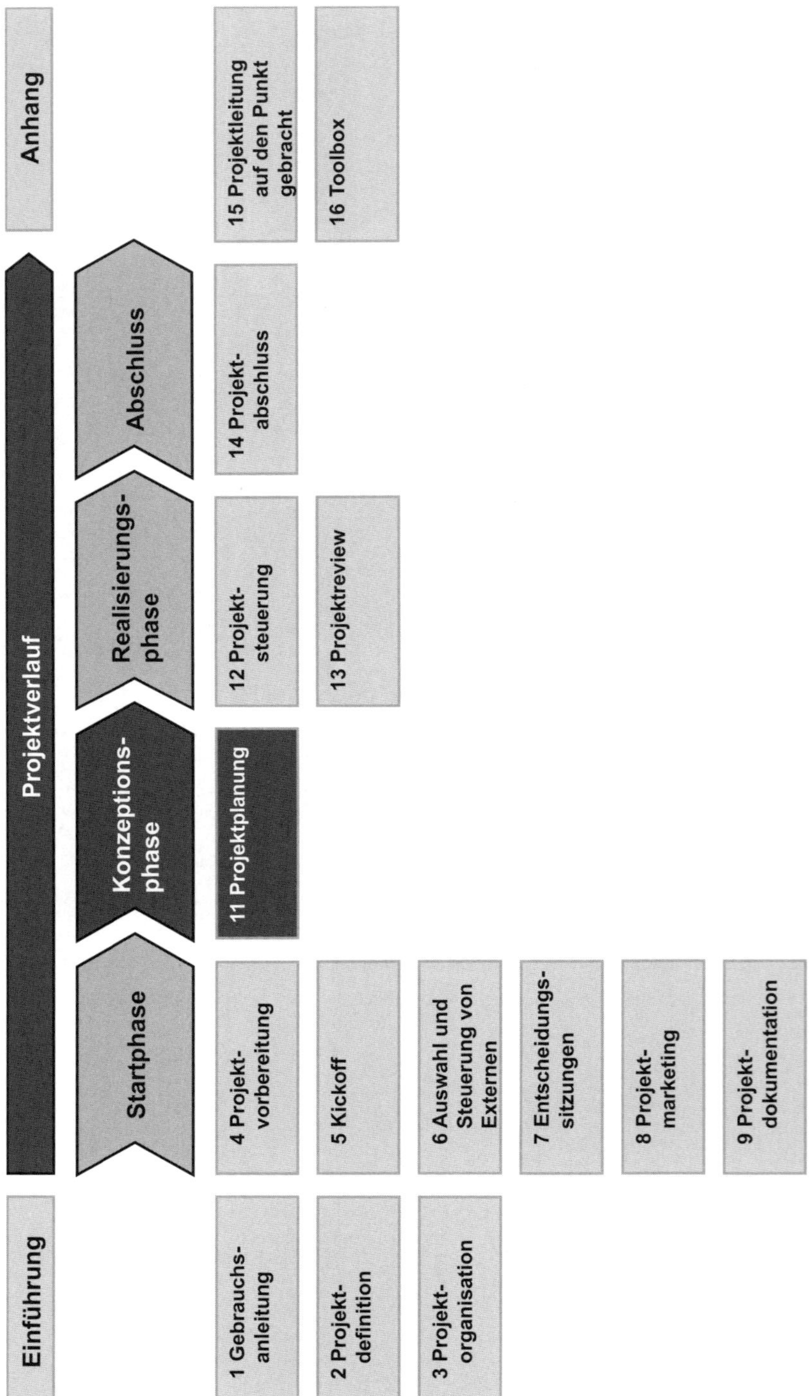
Einführung
Projektverlauf
Anhang
Startphase
Konzeptions-phase
Realisierungs-phase
Abschluss
1 Gebrauchs-anleitung
2 Projekt-definition
3 Projekt-organisation
4 Projekt-vorbereitung
5 Kickoff
6 Auswahl und Steuerung von Externen
7 Entscheidungs-sitzungen
8 Projekt-marketing
9 Projekt-dokumentation
10 Kleine Projekte und projektähn-liche Aufgaben
11 Projektplanung
12 Projekt-steuerung
13 Projektreview
14 Projekt-abschluss
15 Projektleitung auf den Punkt gebracht
16 Toolbox

Die Projektplanung ist eine Phase im Projekt, die Sie idealerweise einmal persönlich als Beteiligter erlebt haben sollten. Die exakte Vorgehensweise, die Dynamiken im Team, die Stolpersteine, Zeitfresser und Erfolgsfaktoren sind so vielfältig, dass sie in einem Buch schwer zu vermitteln sind. Daher beschränken wir uns hier auf die wichtigsten Schritte und Pläne und gehen nur darauf detaillierter ein.

Der oberste Grundsatz der Projektplanung lautet:

Planen Sie realistisch und mit Puffer!

Die Projektplanung ist von hoher Bedeutung für den strukturierten Projektablauf. Das Projekt wird nur dann erfolgreich »in time, in budget, in quality« abgeschlossen werden können, wenn Sie realistisch und unter Berücksichtigung aller relevanten Faktoren planen. Nehmen Sie sich daher ausreichend Zeit für eine fundierte, realistische Projektplanung!

Ziel der Projektplanung ist es,

- den Projektablauf überschaubar zu machen,
- das Projekt zu strukturieren und dadurch beherrschbar zu machen,
- den Zeitaufwand sowohl im Ganzen als auch für die einzelnen Teile zu ermitteln,
- Entscheidungspunkte festzulegen (Meilensteine),
- Abhängigkeiten zu erkennen und zu definieren sowie
- detaillierte Arbeitspakete festzulegen.

Um der Komplexität dieser Phase gerecht zu werden, ist es notwendig, dass alle am Projekt Beteiligten, die zur Strukturierung und zur Schätzung etwas beitragen können, bei der Planung mitwirken. Dies sind zum Beispiel:

- Projektleiter,
- Projektteam,
- gegebenenfalls externe oder interne Experten, die im Projektverlauf zeitweise hinzugezogen werden,
- gegebenenfalls Auftraggeber oder weitere Führungskräfte.

Die Zeit, bis die Projektplanung steht und jeder sie aus Überzeugung mittragen kann, ist für die Projektbeteiligten oft belastend und schwierig, denn:

Allem Zukünftigen fehlt die Beweiskraft des Faktischen.

Die Komplexität all der Faktoren, die bei der Planung berücksichtigt werden müssen, ist hoch. Zudem sehnt sich jeder nach Klarheit und Sicherheit hinsichtlich des Vorgehens im Projekt, der zu erledigenden Aufgaben und der zeitlichen Beanspruchung, muss aber zunächst noch mit viel Unsicherheit, Ungewissheit und Schätzungen leben. Selbst für viele erfahrene Projektleiter und Projektplaner ist diese Phase die anspruchsvollste, die am meisten Nerven kostet.

Wenn Sie wenig oder keine Erfahrung mit der Projektplanung haben, ziehen Sie in dieser Phase zur Unterstützung einen erfahrenen Projektleiter, Trainer oder einen Projektcoach hinzu.

Beherzigen Sie bei der Planung das Motto:

So viel Planung wie nötig und so viel Flexibilität wie möglich!

Denn auch eine bis ins kleinste Detail ausgearbeitete Planung gibt keine endgültige Sicherheit. Nicht umsonst steckt viel Wahrheit in Sprüchen wie »Der Plan heißt Plan, weil er sich vom Ist unterscheidet« oder »Erstens kommt es anders und zweitens als man denkt«. Soll heißen: Ein Projektplan, der bis in jede Einzelheit und für die gesamte Laufzeit tagesgenau definiert ist, mag das Gewissen beruhigen und die Illusion erzeugen, dass das Projekt nun so ablaufen wird – wird es aber nicht!

Eine Planung, die nicht an Veränderungen angepasst werden kann, hat keine Berechtigung im Projektmanagement. Entscheidend ist, dass Veränderungen im Projektplan transparent gemacht und kommuniziert werden!

Wie planen Sie Ihr Projekt nun konkret? Am besten über mehrere Stufen vom Groben zum Feinen. So wird Stufe für Stufe der Detaillierungsgrad immer höher, die Erkenntnisse für Sie und Ihr Team zum Ablauf bei der Umsetzung des Projekts werden immer größer, Ihre Abschätzungen zu Zeit, Aufwand und Kosten immer genauer.

Bild 11.1 zeigt Ihnen sechs aufeinanderfolgende Planungsstufen oder -schritte. Wie Sie dabei jeweils im Einzelnen vorgehen, erfahren Sie in den folgenden Kapiteln.

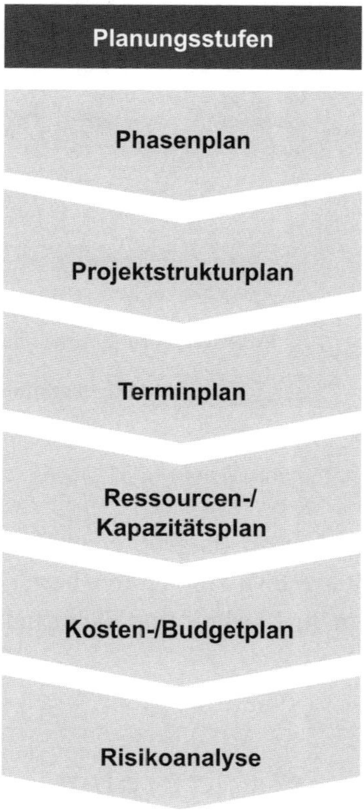


**Bild 11.1** Stufen der Projektplanung

## ■ 11.1 Phasenplan

Um eine erste Grobstruktur Ihres Projekts zu erhalten, teilen Sie es zunächst in Phasen ein. Das ist vor allem dann leicht, wenn es sich um eine bekannte Projektart handelt, in der das Vorgehen immer wieder ähnlich ist.

Bilden Sie, vergleichbar wie in Bild 11.2, die wesentlichen Phasen Ihres Projekts ab.

➲ *Siehe Toolbox: 11a Phasenplan für unterschiedliche Projektarten*

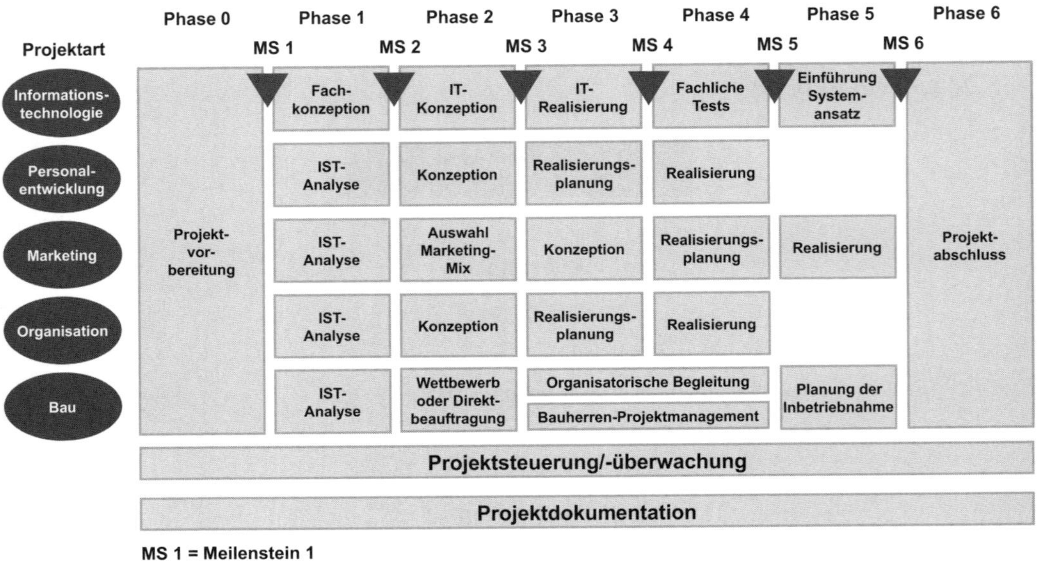


**Bild 11.2** Phasenplan für unterschiedliche Projektarten

Nun haben Sie Ihr Projekt erstmals grob gegliedert. Ein wichtiger Schritt, der Ihnen und Ihren Mitstreitern eine erste Übersicht verschafft und damit ein gutes Gefühl durch mehr Klarheit und Sicherheit gibt.

## 11.2 Projektstrukturplan

Noch mehr Klarheit und Sicherheit erreichen Sie in der nächsten Planungsstufe: Sie strukturieren, also zerlegen oder untergliedern, das Projekt in sinnvolle Einzelteile. Das heißt, Sie erarbeiten gemeinsam mit dem Projektteam (!) den sogenannten Projektstrukturplan (PSP).

Der Projektstrukturplan ist der nächste Detaillierungsgrad nach dem Phasenplan und gewissermaßen das Skelett oder auch der Bauplan des Projekts. Er bildet das Gesamtprojekt mit allen Teilprojekten, Hauptaufgaben und Arbeitspaketen ab. Daraus folgt für Sie bei der Projektstrukturplanung:

> Hier gilt das Prinzip der Vollständigkeit!

Tipps, um die Vollständigkeit des Projektstrukturplans sicherzustellen, finden Sie in der Toolbox.

➲ *Siehe Toolbox: 11b Vollständigkeit des Projektstrukturplans*

Sie sollten mit Ihrem Team alle Aufgaben identifizieren, die im Laufe des Projekts erledigt werden müssen, um die Projektziele zu erreichen (Bild 11.3).

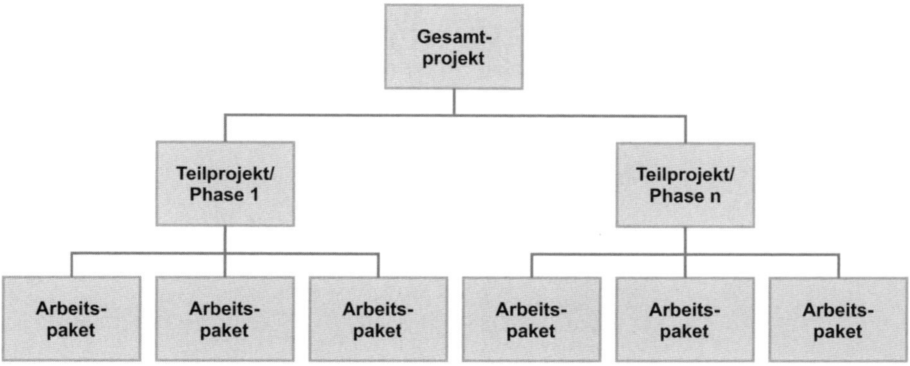


**Bild 11.3** Projektstrukturplan

Der Projektstrukturplan zeigt dann, in welche Teile sich ein Projekt sinnvoll untergliedern lässt. Dadurch verringern Sie die Komplexität des Projekts, weil eine schwierige Herausforderung nun in Teilaufgaben zerlegt wird, die leichter zu bewältigen sind.

In nachfolgendem Beispiel sehen Sie den Strukturplan für ein Projekt, in dem für ein Unternehmen nach einer Fusion ein Integrations-Workshop konzipiert, organisiert und durchgeführt werden sollte (Bild 11.4).

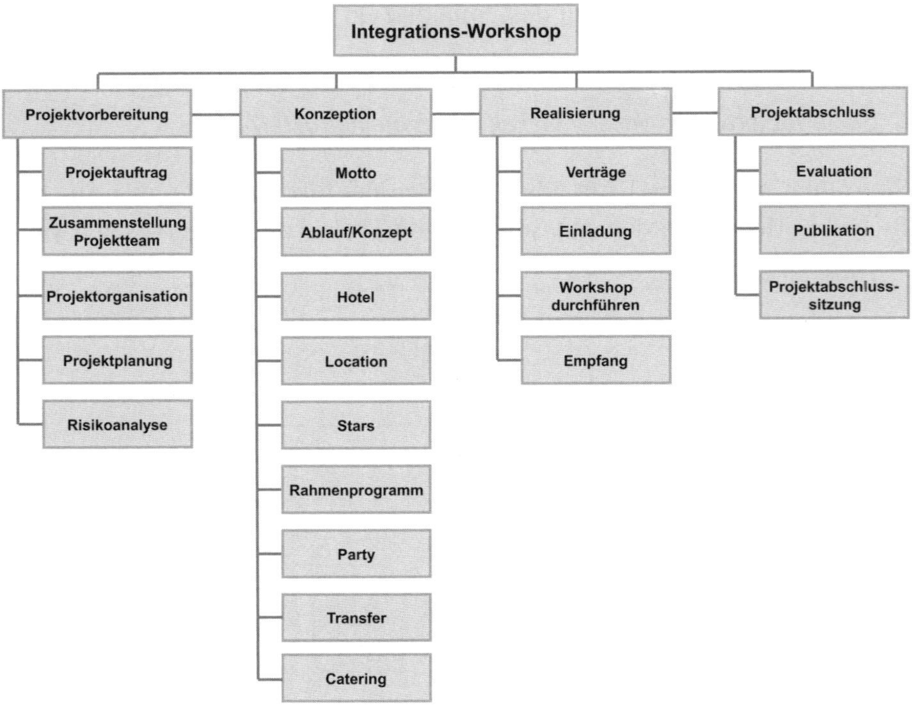


**Bild 11.4** Projektstrukturplan »Integrations-Workshop«

Brechen Sie bei der Strukturplanung gemeinsam mit dem Projektteam über alle Ebenen die Aufgaben im Projekt so weit herunter, bis auf der untersten Ebene Teilaufgaben stehen. Solche Arbeitsaufträge müssen genau einem Projektmitarbeiter oder einer Gruppe zugeordnet werden können. Man spricht hier von Arbeitspaketen.

Das Arbeitspaket ist die kleinste Planungseinheit im Projekt, die im Projektstrukturplan abgebildet wird.

- Das Arbeitspaket beschreibt eine in sich geschlossene, zusammengehörende, überschaubare Menge an Arbeit im Projekt.
- Das Arbeitspaket beschreibt ein überprüfbares Ergebnis, sodass eine eindeutige Arbeitsvergabe und Abnahme für das Arbeitspaket möglich ist.
- Das Arbeitspaket ist einem verantwortlichen Projektmitarbeiter oder einer verantwortlichen Gruppe zugeordnet.

Nicht alle Projekte benötigen die Ausformulierung von Arbeitspaketen. Viele Projekte sind auch mit den Instrumenten Terminplan und Joblisten hervorragend zu steuern. Erst ab einer gewissen Projektgröße und -komplexität ist die Beschreibung von Arbeitspaketen sinnvoll und notwendig.

➲ *Siehe Toolbox: 11c Definition Arbeitspaket*

➲ *Siehe Toolbox: 11d Beispiel Arbeitspaket*

➲ *Siehe Toolbox: 11e Vorlage Arbeitspaket*

Es gibt zwei wesentliche Verfahren, wie Sie den Projektstrukturplan entwickeln können:

### 11.2.1 Top-down

Dieses Verfahren wird bevorzugt für Projekte eingesetzt, bei denen bereits Erfahrungswerte hinsichtlich des Vorgehens vorliegen, die Sie als Projektteam nutzen können. Das können je nach Unternehmen wiederkehrende Produktentwicklungsprojekte sein, Organisationsprojekte, Bauprojekte, Softwareentwicklungs- oder -integrationsprojekte, bestimmte Eventarten und vieles mehr.

Mit Blick auf die Projektziele überlegen Sie hier pro Phase oder Teilprojekt, welche Teilziele, Aufgaben und Tätigkeiten/Arbeitspakete nötig sind.

Grundprinzip hierbei ist es, eine Ebene zunächst vollständig zu zergliedern und alle Vorgehensschritte oder Aufgaben zu erfassen, bevor sich das Team auf die nächste, tiefer liegende Ebene begibt.

Wichtig: Das können Sie sinnvoll und nachvollziehbar nur in einem Workshop mit dem Projektteam erreichen. Ähnlich wie das Kickoff müssen Sie als Projektleiter diese Planungsworkshops jeweils mit Hilfe eines Regieplans gründlich vorbereiten, damit Sie genügend Zeit ansetzen und die richtigen Workshop-Methoden oder Arbeitstechniken (z. B. Einzel-, Tandem-, Gruppenarbeit, Brainwriting) auswählen und anwenden.

Das gilt genauso für die im Folgenden erläuterte Bottom-up-Methode sowie für die weiteren Planungsstufen.

### 11.2.2 Bottom-up

Bei neuartigen Projekten und geringen Erfahrungswerten empfiehlt es sich, dass Sie sich als Projektleiter mit Ihrem Team dem späteren Vorgehen im Projekt schrittweise nähern. In diesem Fall eignet sich das Bottom-up-Verfahren besser für die Projektstrukturplanung als die Top-down-Methode.

Sammeln Sie mit dem Projektteam in einer kreativen Sitzung, beispielsweise mittels Brainstorming oder -writing, alle zu erledigenden Aufgaben zunächst völlig ungeordnet schriftlich auf Karten, wobei jede Aufgabe eine eigene Karte erhält. Diese Aufgaben können einen völlig unterschiedlichen Detaillierungsgrad haben. Hier zählt Masse statt Klasse, es geht darum, alles zu erfassen und nichts zu übersehen. Diese Karten pinnen Sie bzw. die Teammitglieder nacheinander an eine große Pinnwand (Sie können auch mehrere Pinnwände nebeneinander stellen). Dann ordnen Sie in gemeinsamer offener Diskussion diese Karten zu sinnvollen Einheiten oder Themengebieten und hängen sie an der Pinnwand entsprechend um (Clustern). Versehen Sie die entstehenden Aufgabengruppen oder Themengebiete anschließend mit Oberbegriffen, Überschriften oder Titeln. So entsteht von unten nach oben, von der Detailaufgabe über Arbeitspakete und Teilprojekte bis zum Gesamtprojekt nach und nach die Projektstruktur.

Bei neuartigen Projekten ohne Vergleichsmöglichkeiten können eventuell noch nicht alle Arbeitspakete bestimmt werden, sodass der Projektstrukturplan im Laufe des Projekts vervollständigt werden muss. Egal welche Methode Sie als Projektleiter wählen – achten Sie darauf, dass Sie alle Aufgaben erfassen, die später erledigt werden müssen!

## 11.3 Terminplan

Wenn Sie den Projektstrukturplan erarbeitet haben, folgt der nächste Planungsschritt: Sie müssen den zeitlichen Aufwand für die einzelnen Teile und Aufgaben des Projekts schätzen. Anders ausgedrückt: Bei der Terminplanung übertragen Sie die im Projektstrukturplan dargestellte Untergliederung des Projekts auf die Zeitachse. Auch das machen Sie gemeinsam mit Ihrem Projektteam:

- Überlegen bzw. schätzen Sie mit dem Team, wie lange jede einzelne Aktivität Ihres Projektstrukturplans dauert. Seien Sie dabei sportlich, aber realistisch!
- Für kritische Aktivitäten, von denen andere Arbeitspakete unmittelbar abhängig sind, überlegen Sie zudem mit dem Team, wann diese Aktivität

  a) frühestens starten kann,

  b) spätestens starten muss,

  c) frühestens endet,

  d) spätestens enden muss

  und halten alle diese Daten schriftlich fest.
- Prüfen Sie nun zusammen mit den Projektmitarbeitern, welche Arbeiten zeitgleich erfolgen können und welche auf die Ergebnisse bzw. Zwischenergebnisse anderer Aufgabenpakete angewiesen sind. So erkennen Sie die zeitlichen Abhängigkeiten in Ihrem Projekt.
- Lassen Sie im Team bereits jetzt schon einschätzen, welche und wie viele Projektmitarbeiter für das jeweilige Arbeitspaket benötigt werden.

Unterschiedliche Beispiele für Terminpläne, die Sie sich je nach Bedarf in Excel oder PowerPoint erstellen können, finden Sie hier in der Toolbox.

➲ *Siehe Toolbox: 11f Vorlage Terminplan*

➲ *Siehe Toolbox: 11g Beispiel Terminplanung 1*

➲ *Siehe Toolbox: 11h Beispiel Terminplanung 2*

➲ *Siehe Toolbox: 11i Beispiel Terminplanung 3*

Ergänzend zum Terminplan können Sie Abhängigkeiten zwischen verschiedenen Arbeitspaketen und Tätigkeiten im Projekt gut in einem einfachen Excel-Dokument abbilden. Das empfiehlt sich, wenn Sie nicht mit einem Terminplan arbeiten, in dem Sie solche Abhängigkeiten direkt erfassen und darstellen können. Die Excel-Vorlage in der Toolbox ist einfach zu handhaben und kann somit von jedem Arbeitspaket-Verantwortlichen in Ihrem Projekt genutzt werden.

➲ *Siehe Toolbox: 11j Vorlage Projektschnittstellen/Abhängigkeiten*

Viele Projekte können zu Beginn noch nicht in einheitlicher Detaillierungstiefe strukturiert werden, da noch nicht alle Projektinhalte absehbar sind. Die gesamte Planung ist daher kein einmaliger Vorgang zu Beginn eines Projekts, sondern eine mehrfach zu wiederholende Aufgabe, die jeweils auf der Grundlage neuer oder genauerer Informationen erfolgt. Die Projektplanung ist also ein iterativer Prozess.

Planen Sie daher das Gesamtprojekt zu Projektbeginn mit dem jeweils möglichen/sinnvollen Grad an Genauigkeit und Detaillierung bis zum Projektende. Oftmals können zunächst nur die ersten Phasen detailliert geplant und strukturiert werden. Spätere Phasen werden vorläufig nur grob geschätzt. Die grundsätzliche Dauer einer Projektphase wird jedoch schon am Anfang definiert. Vor Beginn der jeweiligen Phase erfolgt dann die detaillierte Strukturierung und Feinplanung. Planen Sie bei Ihrer Terminplanung auch den Zeitaufwand für diese Feinplanungsrunden ein!

Die Terminplanung können Sie vorwärts oder rückwärts erarbeiten:

### 11.3.1 Vorwärts-/Rückwärtsplanung

Sie können zunächst vom Startzeitpunkt Ihres Projekts aus planen (= Vorwärtsplanung), das heißt für alle identifizierten Aufgaben die Dauer sowie den jeweiligen Start- und Endtermin der Erledigung schätzen. Dabei werden Sie und Ihr Team möglicherweise feststellen, dass Sie das geplante Projektende zeitlich überschreiten würden.

Planen Sie in diesem Fall noch einmal vom Projektende aus (= Rückwärtsplanung) und überlegen Sie dabei gemeinsam mit dem Team pro Arbeitspaket oder Aufgabe, in welcher Mindestzeit das zu schaffen wäre bzw. wieviel Zeit dafür vom Projektende her betrachtet überhaupt eingeräumt werden kann. So können Sie Schritt für Schritt sehen, ob es überhaupt machbar ist, innerhalb des definierten Projektzeitraums zu bleiben.

Im Rahmen der Rückwärtsplanung kommt häufig der Gedanke auf, dass es »schon irgendwie klappen« wird. Entscheidend ist allerdings, dass Sie in Ihre Planung mindestens 20% Puffer einplanen, um Luft zu haben für Unvorhergesehenes (z. B. Krankheit, Lieferengpässe), Vergessenes oder etwa für Entscheidungssitzungen, die verschoben werden.

**Verändern Sie Ihre Planung so lange, bis ausreichend Puffer vorhanden ist!**

Falls Ihnen und Ihrem Team das nicht gelingt, müssen Sie als Projektleiter eine Entscheidung empfehlen und herbeiführen. Schlagen Sie also dem Auftraggeber bzw. dem für Ihr Projekt zuständigen Entscheidungsgremium eine Lösung aus folgenden Varianten vor:

- eine längere Projektlaufzeit,
- eine Erhöhung der Ressourcen (mehr Mitarbeiter, Geld ...) für die Erledigung der Aufgaben im Projekt,
- das Weglassen von bestimmten Aufgaben oder Arbeitspaketen und damit also Abstriche bei den zu erreichenden Projektzielen oder
- das Verlagern von bestimmten Aufgaben und Zielen in Folgeprojekte.

Scheuen Sie davor nicht zurück. Das ist nichts Ungewöhnliches, denn der Auftraggeber hat in der Regel nur Grobannahmen bezüglich Dauer, Ressourcen und Ziel bzw. Qualität des Ergebnisses getroffen. Diese Annahmen haben Sie durch Ihre strukturierte Planung nun überprüft und dadurch verifiziert oder falsifiziert. Über diese wichtigen neuen Erkenntnisse informieren Sie Auftraggeber und/oder Entscheidungsgremium - verbunden mit einem der skizzierten und wohl begründeten Lösungsvorschläge.

Auf keinen Fall dürfen Sie ignorieren und verschweigen, wenn Sie als Projektleiter und Ihr Team der Meinung sind, die ursprünglichen zeitlichen Annahmen sind nicht zu halten. Thematisieren und lösen Sie das Problem jetzt, schieben Sie es nicht auf! Sie können Zeit, die von vornherein fehlt, nicht »irgendwie unterwegs« aufholen. Eine Verzögerung im Projekt würde Ihnen angelastet werden, wenn Sie einen entdeckten Zeitmangel nicht in der Planungsphase auf den Tisch bringen.

### 11.3.2 Meilensteine

Wichtige Entscheidungspunkte und »Etappenziele« in Ihrem Terminplan nennt man Meilensteine.

- Meilensteine liegen normalerweise am Ende einer Projektphase.
- Meilensteine liegen dort, wo wichtige Entscheidungen getroffen werden, z. B. bezüglich Alternativen oder Varianten zu Konzepten.
- Meilensteine liegen dort, wo Zwischenergebnisse benötigt werden, z. B. für andere Teilprojekte, für andere Projekte oder für den Auftraggeber, und
- Meilensteine erfordern in der Regel eine Entscheidungssitzung.

Beispiele für »typische« Meilensteine sind etwa in einem Entwicklungsprojekt die Fertigstellung eines Prototyps, in Technikprojekten der Abschluss des Testbetriebs, in Projekten mit externen Lieferanten das Ende des Auswahlverfahrens oder die Abnahme der Projektfeinplanung des Lieferanten, in Kreativprojekten der Abschluss und die Abnahme der Konzepte.

### 11.3.3 Softwareunterstützung bei der Planung

Die Terminplanung und auch die anderen Planungsstufen, etwa Phasen- oder Ressourcenplanung, können alternativ zur formulargestützten Vorgehensweise (z. B. Excel) auch mithilfe einer speziellen Projektmanagement-Software durchgeführt werden. Es gibt auf dem Markt ein großes Angebot an solchen Tools, die eine Menge zu bieten haben.

Sollte es in Ihrem Unternehmen noch keine solche Projektmanagement-Software geben, seien Sie sich darüber im Klaren, dass die Auswahl und Einführung ein eigenes, durchaus komplexes Projekt mit einem hohen Zeitbedarf wäre. Das können Sie nicht einfach nebenbei vor oder parallel zu Ihrem eigentlichen Projekt erledigen!

Bedenken Sie unbedingt auch: Viele der Funktionalitäten einer solchen speziellen Software können oder wollen Sie vielleicht gar nicht nutzen, manches klingt schick, brauchen Sie in Wirklichkeit aber gar nicht. Zudem sollten Sie den Pflegeaufwand einkalkulieren und sich bewusst sein, dass die Qualität der Daten für Sie als Projektleiter nur so gut ist wie die Eingabequalität (»shit in – shit out«). Sie können sich also nicht einfach blind auf die Software verlassen.

Zudem ist die Wahl der Software von der Größe und Komplexität eines Projekts abhängig, von Ihren Softwarekenntnissen und davon, ob Kapazitäten für die Dateneingabe und -pflege im Projektteam ausreichend vorhanden sind. Idealerweise sollten Sie mit Excel planen, wenn nicht ausdrücklich etwas anderes erforderlich ist, und erst bei großen oder sehr komplexen Projekten und Vorhandensein einer speziellen Projektmanagement-Software mit dieser arbeiten.

Tabelle 11.1 zeigt die wesentlichen Vor- und Nachteile von marktüblichen Projektmanagement-Tools.

| Vorteile | Nachteile |
|---|---|
| ■ in der Regel integriertes Ressourcenmanagement, d. h. Unterstützung bei der Einsatzplanung von Projektmitarbeitern<br>■ Abhängigkeiten werden berechnet und dargestellt<br>■ abhängig von der gewählten Software(version) Unterstützung bei der Verwaltung von Risiken, Problemen und Dokumenten | ■ gute bis sehr gute Kenntnis der Software für sinnvollen Einsatz unerlässlich<br>■ Schulungsaufwand von oft zwei Tagen oder mehr<br>■ sehr detaillierte und deutlich zeitaufwändigere Planung notwendig<br>■ erhöhter Pflegeaufwand im Laufe des Projekts<br>■ Fehler bei der Dateneingabe sind schwer zu erkennen und führen zu falschen Ergebnissen und falscher Sicherheit |

**Tabelle 11.1** Bewertung von Projektmanagement-Software

Setzen Sie also keine Projektmanagement-Software ein, wenn Sie das Projekt mit einfacheren Mitteln planen und steuern können.

## 11.4 Ressourcen-/Kapazitätsplanung

Nach der Terminplanung brauchen Sie in der Regel noch die Ressourcen- oder Kapazitätsplanung. Sie dient dazu, die für das Projekt benötigten Kapazitäten der Projektteilnehmer zu ermitteln, über den Projektverlauf hinweg zu steuern und etwaige Engpässe aufzudecken. Sie wird auf Basis der Terminplanung durchgeführt.

Ressourcen in Projekten sind grundsätzlich knapp. Häufig stehen dem Projekt auch nicht alle Projektteammitarbeiter mit gleichem Anteil ihrer Arbeitszeit zur Verfügung. Der Umfang der Verfügbarkeit sollte deshalb im Projektauftrag definiert sein.

➲ *Siehe Toolbox: 4a Vorlage Projektauftrag*

➲ *Siehe Toolbox: 11k Vorlage Kapazitätsplanung 1*

➲ *Siehe Toolbox: 11l Vorlage Kapazitätsplanung 2*

Der Projektleiter kalkuliert, dokumentiert und koordiniert den Arbeitseinsatz seiner Projektteammitarbeiter. Meist erfordert dies viel Abstimmungsaufwand mit den Mitarbeitern und unter Umständen auch mit deren Vorgesetzten. Dafür hilft es sehr, wenn Sie als Projektleiter den Nutzen der Kapazitätsplanung erläutern können.

### Nutzen der Kapazitätsplanung

Der Nutzen der Kapazitätsplanung liegt im Wesentlichen in der Planungssicherheit, die Sie dem Unternehmen, den Mitarbeitern und deren Vorgesetzten verschafft. Im Einzelnen:

- Kenntnis des Ressourcenbedarfs: Wann werden wie viele Kapazitäten aus den verschiedenen Fachdisziplinen für die Arbeit im Projekt benötigt?
- Überblick über verfügbare Kapazitäten: Wer steht dem Projekt wann und wie lange zur Verfügung?
- Erkennen von Kapazitätsengpässen: Welche Personen werden zum aktuellen oder zu einem späteren Zeitpunkt zu viel bzw. zu wenig benötigt?

Bedenken Sie:

- Wenn die Projektdauer und das Projektende feststehen, müssen die Kapazitäten so geplant werden, dass die vorgesehenen Zeiträume eingehalten werden können.
- Wenn die Kapazitäten (Ressourcen) fix sind, muss die Projektdauer bzw. das Projektende so geplant und terminiert werden, dass es mit den vorhandenen Kapazitäten erreicht werden kann.

Falls auch das nicht geht, müssen Auftraggeber und/oder Entscheidungsgremium Abstriche bei den Projektzielen akzeptieren!

## 11.5 Kostenplanung

Im Rahmen der Kostenplanung ermitteln Sie mit Ihrem Team, welches Budget Sie für die Durchführung des Projekts benötigen. Sie überlegen sich dazu, wofür im Rahmen der Projektarbeit Kosten entstehen werden, in welcher Höhe und in welchem Monat/Jahr sie entstehen werden.

### 11.5.1 Zweck der Kostenplanung

Mit der Kostenplanung für Ihr Projekt tragen Sie wiederum zur Planungssicherheit Ihres Unternehmens bei. Die Ermittlung des vollständigen Projektbudgets dient

- als Grundlage für die Genehmigung von Projekten,
- als Basis zur Durchführung von Soll-Ist-Vergleichen, d. h. als Vergleichsmaßstab für die Steuerung des Projektbudgets sowie
- zur Erfassung des Projektbudgets im Rahmen der Unternehmensplanung.

### 11.5.2 Vorgehen bei der Erstellung des Kostenplans

So gehen Sie bei der Kostenplanung vor: Überlegen Sie zunächst, welche Kostenpositionen im Rahmen der Projektarbeit entstehen werden. Schauen Sie sich dazu den Phasenplan, den Projektstrukturplan, den Terminplan und den Ressourcen-/Kapazitätsplan an und gehen Sie mit den Projektmitarbeitern das Projekt in Gedanken durch. Typische Kostenarten, die in einem Projekt vorkommen können, sind Personalkosten interner Mitarbeiter, Honorare externer Berater oder Dienstleister, Reisekosten, Raumkosten, Kosten externer Workshops, Kosten für Arbeitsmittel, Druckkosten (Flyer, Broschüren), Intranet-Auftritt, Ausgaben für Sachinvestitionen und sonstige Ausgaben für die Umsetzung Ihrer Projektergebnisse.

Im Rahmen der Kostenplanung fallen manchmal auch komplexere Fragestellungen an, etwa die Einarbeitung der geplanten Projektkosten in den Budgetierungsprozess des Unternehmens oder die Aktivierbarkeit von Projektbestandteilen. Sprechen Sie Ihre Planung daher am besten frühzeitig mit der Controllingabteilung Ihres Bereichs oder Ihres Unternehmens durch.

In der Toolbox sind drei einfache Excel-Sheets enthalten, die Sie als Basis für Ihre Kostenplanung verwenden können.

➲ *Siehe Toolbox: 11m Vorlage Kostenplanung 1*

➲ *Siehe Toolbox: 11n Vorlage Kostenplanung 2*

➲ *Siehe Toolbox: 11o Vorlage Vollkostenrechnung*

Wenn Sie die Projektplanung bis hierhin abgeschlossen haben, halten Sie inne, freuen Sie sich und seien Sie stolz – Sie haben bereits viel gearbeitet und erreicht. Nun fehlt noch die Risikoanalyse.

## 11.6 Risikoanalyse

> Das Gefährlichste in einem Projekt ist das Gefühl der Sicherheit.

Risikomanagement ist eine der wichtigsten Aufgaben des Projektleiters. Die Risikoanalyse zeigt bereits am Anfang des Projekts potenzielle Gefahren auf. Die Auswirkungen nicht erkannter oder überdachter Risiken werden ansonsten erst spürbar, wenn im Verlauf eines Projekts plötzlich größere Schwierigkeiten entstehen. Idealerweise spürt deshalb das Projektteam alle erdenklichen Risiken gleich im Rahmen der Projektplanung auf – also schon relativ früh im Projekt.

➲ *Siehe Toolbox: 11p Vorlage Risikoanalyse 1*

➲ *Siehe Toolbox: 11q Vorlage Risikoanalyse 2*

Im Rahmen der Risikoanalyse untersuchen Sie alle Arbeitspakete auf mögliche auftretende Schwierigkeiten und ihre Auswirkung auf andere Arbeitspakete.

Im nächsten Schritt legen Sie Gegenmaßnahmen fest. Dabei unterscheidet man zwischen präventiven und korrektiven Maßnahmen:

- Präventive Maßnahmen ergreifen Sie im Projekt zur Vorsorge. Sie verringern das Risiko von vornherein, sollen also möglichst verhindern, dass das Risiko und damit ein Schaden überhaupt eintreten.
- Korrektive Maßnahmen bereiten Sie hingegen für den Fall vor, dass ein Risiko tatsächlich eingetreten ist. Für diesen Fall legen Sie bereits jetzt Reaktionsmöglichkeiten und Lösungen fest.

Erarbeiten Sie mit dem Team auch die korrektiven Maßnahmen so früh wie möglich und nicht erst, wenn ein Schaden eingetreten ist und alle sowieso schon unter Stress stehen! Sonst sind Sie nicht oder nicht schnell genug handlungsfähig, wenn es darauf ankommt.

Schätzen Sie je Risiko den potenziellen Schaden bzw. die negative Auswirkung auf das Projekt ab. Wählen Sie dann die bedeutsamsten Risiken aus und erarbeiten Sie dafür Präventivmaßnahmen und Notfallpläne, also korrektive Maßnahmen.

Entscheiden Sie nun, in welche Maßnahmen Sie investieren und in welche nicht – also wo Sie ein Risiko bewusst in Kauf nehmen und wo Sie sich absichern, indem Sie die Präventivmaßnahmen durchführen. Meist hat das Investieren in vorbeugende Maßnahmen Auswirkungen auf die Termin- und/oder Kostenplanung. Diese müssen Sie gegebenenfalls entsprechend überarbeiten und anpassen und vom Auftraggeber und/oder Entscheidungsgremium Ihres Projekts erneut freigeben lassen.

Die Risikoanalyse müssen Sie während der gesamten Projektlaufzeit regelmäßig auf die Agenda der Projektteammeetings setzen und die Risiken dabei immer wieder neu einschätzen, bewerten und Ihrem Auftraggeber und Entscheidungsgremium vor Augen führen!

### Tipps

- Führen Sie die Risikoanalyse im Team durch.
- Überprüfen Sie die Risikoanalyse vor jeder Projektphase.
- Passen Sie den Terminplan nach der Risikoanalyse gegebenenfalls nochmals an.

- Überwachen Sie risikobehaftete Arbeitspakete besonders intensiv.
- Kommunizieren Sie die Ergebnisse der Risikoanalyse frühzeitig an den Auftraggeber und/oder das für Ihr Projekt zuständige Entscheidungsgremium.

Folgende Checkliste hilft Ihnen dabei, alle wichtigen Schritte der Projektplanung im Überblick zu behalten.

➲ *Siehe Toolbox: 11r Checkliste Projektplanung*

Nach der Planungsphase treten Sie mit Ihrem Team in die eigentliche Umsetzung der Projektinhalte, -aufgaben und -ziele ein. Die vorausschauende, aktive Steuerung des Projekts und aller Beteiligten wird Ihre wichtigste Aufgabe als Projektleiter!

# Kapitel 12

# Projektsteuerung

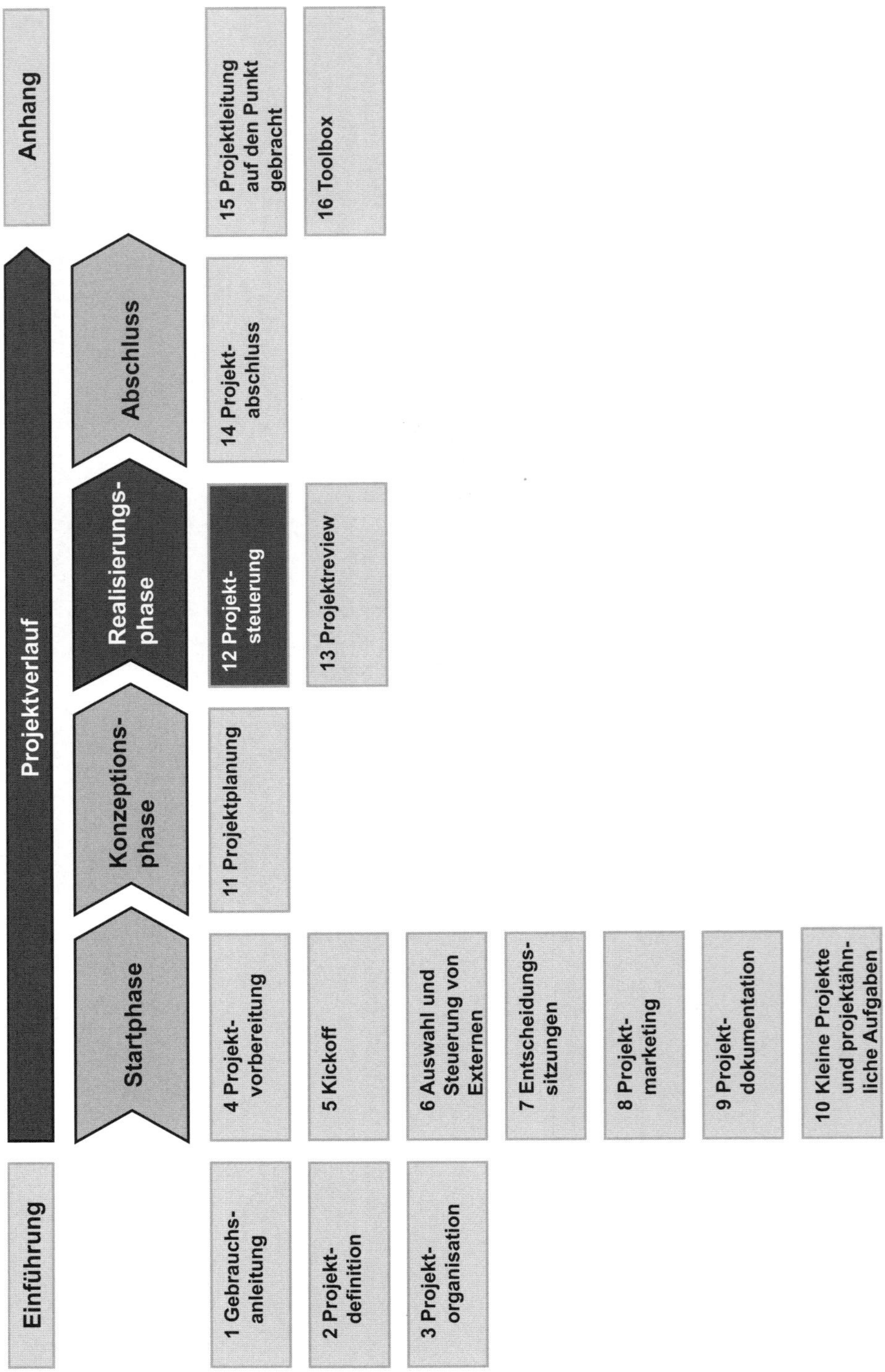
Einführung
Projektverlauf
Anhang
Startphase
Konzeptions-phase
Realisierungs-phase
Abschluss
1 Gebrauchs-anleitung
2 Projekt-definition
3 Projekt-organisation
4 Projekt-vorbereitung
5 Kickoff
6 Auswahl und Steuerung von Externen
7 Entscheidungs-sitzungen
8 Projekt-marketing
9 Projekt-dokumentation
10 Kleine Projekte und projektähn-liche Aufgaben
11 Projektplanung
12 Projekt-steuerung
13 Projektreview
14 Projekt-abschluss
15 Projektleitung auf den Punkt gebracht
16 Toolbox

Das Projekt und alle daran Beteiligten zu steuern, ist die zentrale Aufgabe des Projektleiters.

Das nimmt Ihnen kein Plan, kein Tool und keine Projektmanagement-Software ab! Generell hoffen viele Projektleiter, dass Ihnen eine Projektmanagement-Software entscheidend bei der Steuerung des Projekts hilft bzw. Ihnen die Steuerung förmlich abnimmt. Dies vermag jedoch kein Tool. Sie sind gefragt – als Person und in Ihrer Rolle als Projektleiter. Projektsteuerung ist komplex und umfasst sehr viele Komponenten – vor allem auch die »soft skills«.

Projektsteuerung erfordert von Ihnen permanent:

- aktiv führen und steuern,
- zu jeder Zeit alles im Überblick haben,
- stets informiert sein,
- präventiv denken und entscheiden,
- handeln – das Notwendige anpacken und tun,
- motivieren,
- alle Beteiligten mit auf die Reise nehmen,
- klären, klären, klären.

Dabei sollte Ihnen immer bewusst sein: Knappe Ressourcen (ob nun Zeit, Personal oder Geld) sind ein Wesensmerkmal von Projekten!

Es bringt daher nichts, diesen Mangel zu beklagen – vielmehr kommt es darauf an, dass Sie als Projektleiter die knappen Ressourcen bewusst planen, managen und effizient steuern.

Die Tabelle 12.1 zeigt Ihnen, was Sie im Projektverlauf ständig steuern müssen.

| Permanente Steuerung durch den Projektleiter |
|---|
| ■ Kommunikation und Information |
| ■ Projektinhalte und -fortschritt |
| ■ Vorgehensweise und Aufgaben |
| ■ Zeit-, Kapazitäten- und Budgetverbrauch im Vergleich zum Plan |
| ■ Stimmung und Motivation im Projektteam |
| ■ Konfliktklärung |
| ■ Projektumfelder (Fachabteilungen, Betriebsrat, Entscheider, Gegner, Unterstützer ...) |

**Tabelle 12.1** Steuerungsbereiche des Projektleiters

Steuern Sie dabei jedoch nur das, was gesteuert werden muss und nicht auch Themen oder Jobs, die mit hoher Wahrscheinlichkeit alleine laufen. Allerdings sollte es noch die Möglichkeit zur Korrektur geben, falls sich herausstellt, dass der vermeintliche Selbstläufer doch nicht gelaufen ist.

Dafür sollten Sie als Projektleiter die Pläne und Aspekte aus Tabelle 12.2 stets im Blick haben, also wissen, was der aktuelle Stand (Ist) im Vergleich zu Ihrer Planung (Soll) ist. Diesen permanenten Kreislauf aus Soll-Ist-Vergleichen und das Gegensteuern bei Abweichungen durch Sie als Projektleiter nennt man auch Projektcontrolling.

| Überblick und Einflussnahme |
|---|
| ■ Termin-, Kapazitäten- und Kostenpläne (Soll-Ist-Vergleiche) |
| ■ Projektergebnisse und -zwischenergebnisse |
| ■ Risikoanalyse und -maßnahmen |
| ■ Aktualität des Projektauftrags und der Projektziele |

**Tabelle 12.2** Projektcontrolling

Der Projektleiter braucht zum erfolgreichen Steuern deshalb

- viel Projektmanagement-Know-how,
- Erfahrung in der Führung von Mitarbeitern, in Kommunikation und Verhandlungen,

- unternehmerisches Denkvermögen,
- Beharrlichkeit, Rückgrat und Mut sowie
- das Selbstbewusstsein, so lange Fragen zu stellen, bis jede Unklarheit und jeder Interpretationsspielraum beseitigt ist.

Wenn Sie das alles nicht von vornherein mitbringen und trotzdem ein Projekt leiten sollen, können und sollten Sie Unterstützung einfordern. Beispielsweise könnte die Abteilung Personalentwicklung Ihnen einen erfahrenen Projektleiter als Coach empfehlen oder Sie über geeignete Projektmanagement-Fortbildungen informieren. Sie könnten sich auch von einem externen Berater begleiten lassen oder in Projektmanagement-Foren, Netzwerken und Verbänden selbst geeignete Hilfsangebote recherchieren.

Damit Sie als Projektleiter ein Projekt gezielt steuern können, müssen Sie die in Tabelle 12.3 dargestellten Voraussetzungen schaffen bzw. sicherstellen.

| Eine Projektsteuerung kann nur erfolgreich sein, wenn folgende Voraussetzungen gelten: |
|---|
| ▪ Der Projektauftrag und die Projektziele sind klar und eindeutig formuliert. |
| ▪ Der Projektleiter und die Projektmitarbeiter sind schriftlich benannt. |
| ▪ Eine zeitlich realistische, vollständig durchdachte Projektplanung ist erstellt. |
| ▪ Alle Risiken sind bedacht und die wichtigsten Präventivmaßnahmen festgelegt. |

**Tabelle 12.3** Voraussetzungen erfolgreicher Projektsteuerung

Vereinbaren Sie mit Ihren Projektmitarbeitern stets verbindlich und schriftlich:

- Bearbeitungsschritte (Wie vorgehen?),
- Zwischenergebnisse (Was ist abzuliefern?),
- Arbeitsaufwand (Wie viel Zeit darf investiert werden?),
- Erledigungstermin (Bis wann ist dafür Zeit?).

Diese eindeutig messbaren Ziele und Teilziele kontrollieren Sie als Projektleiter. Nur so können Sie sicherstellen, dass das Projekt erfolgreich verläuft!

In der Toolbox finden Sie eine Checkliste, die schnell deutlich macht, ob Sie Ihre Projekte in der Regel erfolgreich zum Abschluss bringen oder eher nicht. Es lohnt sich, dass Sie sich noch einmal näher mit den Stolpersteinen und Erfolgsfaktoren der Projektarbeit beschäftigen!

➲ *Siehe Toolbox: 12a Checkliste Projekterfolg*

## 12.1 Steuerungskreislauf

> Als Projektleiter müssen Sie drohende Abweichungen von der Planung so früh wie möglich erkennen!

Denn sonst können Sie nicht rechtzeitig gegensteuern, um Ihr Projekt im Plan zu halten.

Die Projektsteuerung ist ein permanenter Kreislauf mit den in Bild 12.1 gezeigten Schritten. Daher sollten Sie als Projektleiter federführend und regelmäßig

- die Soll-Vorgaben der Projektfeinplanung mit den aktuellen Ist-Daten vergleichen,
- eventuelle Planabweichungen feststellen,
- mit einer Ursachenanalyse die Gründe für die Abweichungen ermitteln,
- anschließend entsprechende Gegenmaßnahmen entwickeln, abstimmen und umsetzen sowie
- die Feinplanung überprüfen und gegebenenfalls anpassen.

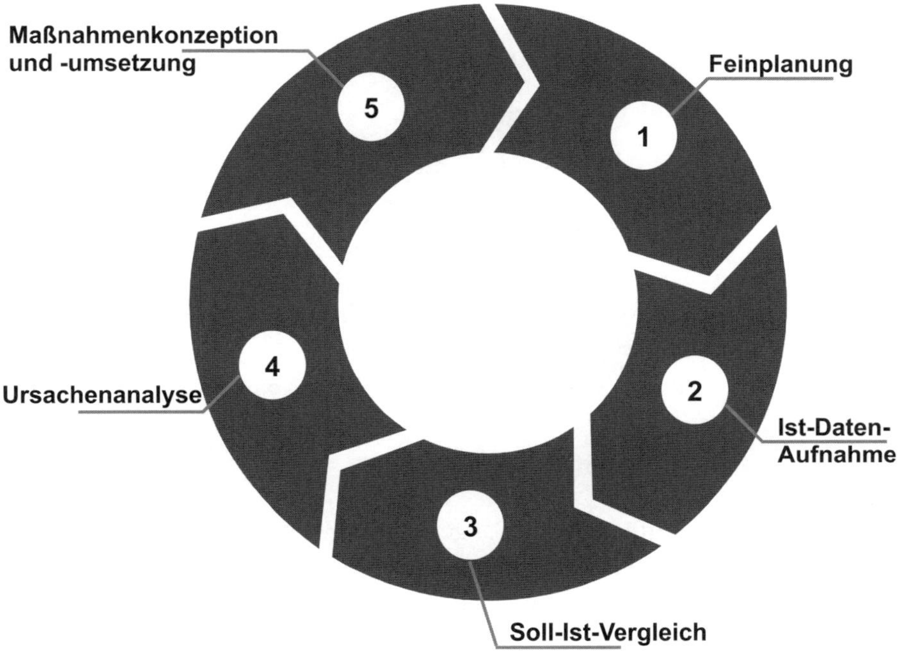


**Bild 12.1** Steuerungskreislauf

Zögern Sie also nie,

- alle notwendigen Informationen von den Projektmitarbeitern zu erfragen oder einzufordern,
- alle Beteiligten über den Projektverlauf und die Rahmenbedingungen informiert zu halten,
- bei Ihren Teamkollegen zwischendurch einfach mal anzurufen oder persönlich vorbeizuschauen, um aktuelle Neuigkeiten und auch Informelles zu erfahren,
- auch zu fragen, wo es Probleme gibt oder was nicht ideal läuft, und
- den angestrebten Erfolg des Projekts als Erfolg des gesamten Teams und jedes Einzelnen darin hervorzuheben.

Nur so werden Sie frühzeitig von eventuellen Schwierigkeiten erfahren und sie aus dem Weg räumen können!

Soll-Ist-Vergleiche, Ursachenanalyse und Gegenmaßnahmen können und sollten Sie für mindestens drei Faktoren durchführen, die alle in gegenseitiger Wechselwirkung den Projekterfolg beeinflussen (Bild 12.2).

Das nennt man das »magische Dreieck« des Projektmanagements.

**Bild 12.2** Magisches Dreieck der Projektsteuerung

Seine Schenkel beeinflussen sich gegenseitig. Wenn an einer »Stellschraube«, also einem Winkel des Dreiecks, gedreht wird, hat das immer Auswirkungen auf mindestens einen der beiden anderen Faktoren.

Beispiele:

- Stehen für das Projekt weniger finanzielle Mittel als geplant zur Verfügung, so muss in der Regel eine Qualitätsminderung der Projektergebnisse, also eine Reduzierung der Anforderungen bzw. ein Streichen von Projektinhalten beschlossen werden.
- Soll das Projektergebnis schneller als geplant erreicht werden, ohne dass Abstriche bei der Qualität oder den Inhalten gemacht werden, dann ist das meist nur durch eine Erhöhung des Projektbudgets möglich, weil zusätzliche Ressourcen benötigt werden.
- Wird eine höhere Qualität der Projektergebnisse erwartet oder sollen zusätzliche Anforderungen bearbeitet werden, so muss ebenfalls das Projektbudget aufgestockt werden oder aber das Projektende nach hinten verschoben werden.

Verändert sich also einer der Parameter »Zeit«, »Kosten« oder »Qualität/Inhalte« und soll ein zweiter unverändert bleiben, dann muss zwangsläufig der dritte angepasst werden. So einfach funktioniert das »magische Dreieck«. Es ist nicht möglich, einen Faktor zu verändern und die beiden anderen unangetastet zu lassen – das müssen der Projektleiter und sein Team und erst recht Auftraggeber und Entscheidungsgremium unbedingt wissen und beherzigen!

Ihre Aufgabe als Projektleiter ist es, die Veränderung eines Parameters frühzeitig zu erkennen, gemeinsam mit dem Projektteam daraus veränderte Szenarien abzuleiten, diese mit dem Auftraggeber und/oder Entscheidungskreis abzustimmen und anschließend umzusetzen. Kurz: Sie müssen das »magische Dreieck« der Projektsteuerung ständig im Blick und alle seine Stellschrauben fest im Griff haben!

In den nächsten Kapiteln erfahren Sie, wie Ihnen das für die drei Parameter gelingt.

### 12.1.1 Steuerung der Kosten

Wenn Sie als Projektleiter durch den Soll-Ist-Vergleich voraussehen, dass die Kosten des Projekts aus dem Ruder zu laufen drohen, müssen Sie unverzüglich gegensteuern. Tabelle 12.4 zeigt Ihnen, welche Möglichkeiten Sie dafür haben.

Stellen Sie als Projektleiter außerdem unbedingt sicher, dass alle Rechnungen, die das Projekt betreffen und auf der Projektkostenstelle bzw. dem Projektauftrag verbucht werden, über Ihren Tisch laufen und von Ihnen freigegeben werden! Warum? Weil Sie sonst keinen vollständigen Überblick über den Verbrauch des Projektbudgets haben und insofern nicht kontrollieren können, wofür Sie verantwortlich gemacht werden.

Sollten die Projektkosten voraussichtlich das genehmigte Budget überschreiten, müssen Sie schnell den Auftraggeber bzw. je nach Vereinbarung das Entscheidungsgremium für Ihr Projekt informieren – auf keinen Fall erst, wenn es bereits unabwendbar oder geschehen ist.

| Nachfolgend zentrale Aspekte, die Ihnen bei der Suche nach Einsparungsmöglichkeiten helfen: |
|---|
| ▪ Überprüfen Sie die Projektstrukturen, z. B. Zahl und Effizienz der Meetings, Berichte und anderer Dokumente.<br>▪ Achten Sie auf stringente Umsetzung des Vereinbarten - Experten im Projektteam gehen gern mehr ins Detail als nötig oder für das Budget zulässig!<br>▪ Hinterfragen Sie auch Ihr eigenes Projektmanagement: Ist es angemessen, können Sie an manchen Stellen schlanker arbeiten?<br>▪ Verkleinern Sie eventuell das Projektteam.<br>▪ Prüfen Sie den Austausch »teurer« gegen »preiswertere« Mitarbeiter (z. B. Juniors, Aushilfskräfte, Zeitarbeitskräfte).<br>Aber Vorsicht: Kalkulieren Sie vorher den Einarbeitungs- und Überwachungsaufwand sowie mögliche Qualitätsverluste und wägen Sie diesen Schritt gut ab!<br>▪ Notfalls reduzieren Sie die Qualität bzw. den Umfang der inhaltlichen Projektanforderungen und/oder korrigieren die Projektziele »nach unten«, verringern also den Anspruch in und an Ihr Projekt. Das müssen Sie selbstverständlich vom Auftraggeber und/oder dem zuständigen Entscheidungsgremium genehmigen lassen! |

**Tabelle 12.4** Möglichkeiten zur Kostensenkung

### 12.1.2 Steuerung der Zeit

Basis für die Überwachung des zeitlichen Ablaufs ist der Terminplan, den Sie als Projektleiter unbedingt zusammen mit dem Team erarbeitet haben sollten (siehe Kapitel 11 »Projektplanung«).

Die Ist-Daten, die Sie aus den regelmäßigen Projektteamsitzungen und Statusberichten erhalten, können Sie im Terminplan als eigenen Balken über den Soll-Daten eintragen. So veranschaulichen Sie für sich und andere auf einen Blick, wo das Projekt im Vergleich zum ursprünglichen Plan aktuell steht.

Tabelle 12.5 zeigt Ihnen, wie Sie die Zeiteinhaltung im Projekt sicherstellen.

| Die Projektlaufzeit lässt sich wie folgt steuern: |
|---|
| ▪ ständiger Kontakt und Austausch mit Ihren Teammitgliedern |
| ▪ permanenter Überblick über den bisherigen Ressourcenverbrauch |
| ▪ Terminplan und Vergleich der Soll-Ist-Daten stets im Blick |
| ▪ bisherige Vorgehensweisen hinterfragen und verändern (Arbeitsaufwand, Methoden, Werkzeuge) |
| ▪ Arbeitsfortschritte der Teamkollegen kennen |
| ▪ Probleme beseitigen, die den Projektfortschritt gefährden oder behindern |

**Tabelle 12.5** Steuerung der Projektlaufzeit

Dadurch erkennen Sie nicht nur, ob die eingeplante Zeit eingehalten werden kann, sondern beispielsweise auch, ob bestimmte Projektmitarbeiter noch Kapazitäten frei haben und andere Kollegen bei Bedarf entlasten können.

Achtung: Die Form der Arbeitszeitrückmeldung muss firmenspezifisch geregelt und gegebenenfalls mit dem Betriebsrat abgesprochen sein.

Im Kapitel 11 »Projektplanung« erfahren Sie, wie Sie eine realistische Projektplanung erstellen, dort finden Sie auch einen Beispiel-Projektplan.

### 12.1.3 Steuerung der Qualität/Inhalte

Die Qualität ist bei vielen Projekten während des Verlaufs objektiv nur schwierig feststell- und steuerbar. Deshalb sollten Sie als Projektleiter immer wieder und sehr konkret Zwischenergebnisse von den Mitarbeitern abfragen und überprüfen oder auch testen! Grundlage sind die im Projektauftrag formulierten Grobziele sowie die in der Projektfeinplanung definierten Feinziele.

Bei drohenden Abweichungen können Sie, wie in Tabelle 12.6 dargestellt, gezielt gegensteuern.

| Projektinhalte lassen sich wie folgt steuern: |
|---|
| ▪ Qualifikation der Projektmitarbeiter verbessern (z. B. durch vertiefte Einarbeitung oder gezielte Schulung) |
| ▪ Mitarbeiter mit mehr Erfahrung für die entsprechende Aktivität einsetzen |
| ▪ die inhaltlichen Projektanforderungen verringern (bei Auswirkung auf den Projektauftrag nicht ohne Abstimmung mit Auftraggeber bzw. Entscheidungskreis) |

**Tabelle 12.6** Steuerung der Projektinhalte

Ziel der Projektsteuerung ist, dass es gar nicht erst so weit kommt! Deshalb sollten Sie

- von vornherein genügend Test- und Probeläufe (insbesondere bei IT-Entwicklungs-Projekten) mit späteren Endnutzern und Vertretern des Auftraggebers vorsehen,
- permanent genau hinschauen und sich persönlich überzeugen, wie der tatsächliche Arbeitsstand und dessen Qualität sind, z. B. vorführen/präsentieren lassen oder selbst testen, und
- Nachforderungen des Kunden/Auftraggebers durch konsequentes Änderungsmanagement steuern – einschließlich Zwischenabnahmen mit definierten Abnahmekriterien und gegebenenfalls Pönalen bei Nichterbringung.

Veränderungen von Anforderungen (Change Requests) führen in vielen Projekten zu ernsthaften Schwierigkeiten und manchmal auch Krisen. Deshalb muss der Projektleiter mit seinem Team bei jeder Änderung bzw. zusätzlichen Anforderung die Auswirkungen detailliert analysieren und entscheiden, ob er sie im Rahmen seines Projekts akzeptiert. Sie sind verpflichtet, gegenüber Ihrem Kunden/Auftraggeber darzustellen, zu welchen Konsequenzen veränderte Anforderungen führen (Kosten, Zeit, Qualität/Inhalte).

## 12.2 Steuerungsinstrumente

Der Soll-Ist-Vergleich, die Ursachenanalyse und die Einleitung der richtigen Gegenmaßnahmen sind die wichtigsten Methoden zur erfolgreichen Steuerung von Projekten. Auf die ebenfalls unverzichtbare Risikoanalyse wird in Kapitel 11 »Projektplanung« eingegangen.

Deutlich erleichtert wird Ihnen die Steuerung zudem durch ausgewählte Instrumente, die einfach zu verstehen und leicht handhabbar sind:

- Jobliste,
- Meetingliste,
- Statusbericht,
- Decision Diary.

Wichtig ist, dass Sie als Projektleiter diese Instrumente selbst konsequent pflegen und führen!

Geheim halten sollten Sie die Instrumente aber nicht. Denn jeder Projektleiter ist nur so gut wie sein Team! Sie brauchen die Gedanken und Ideen Ihrer Teammitglieder, um alle relevanten Aspekte berücksichtigen zu können. Sie drücken Ihren Teamkollegen Ihr Vertrauen und Ihre Wertschätzung aus, wenn Sie die zentralen Steuerungstools, die wir Ihnen in den folgenden Kapiteln näher vorstellen, transparent führen.

### 12.2.1 Jobliste

Die Jobliste dient als Speicher für die im Projektverlauf noch zu bearbeitenden Aufgaben. Neue Aufgaben werden meist in Teammeetings »entdeckt«. Formulieren Sie sie dann möglichst konkret aus, versehen Sie sie mit einem präzisen Erledigungstermin und übergeben Sie jede Aufgabe einem Mitarbeiter, der die Durchführung verantwortet.

Diese Aufgaben sind in der Regel viel kleinteiliger und weniger umfangreich als die Aufgaben, Arbeitspakete und Teilprojekte, die Sie in der Planungsphase identifiziert und in Ihren Projektplänen erfasst haben. Ein Beispiel für so einen kleinteiligen, aber wichtigen Job könnte sein: »Projektleiter geht mit dem Bereichsdirektor Thomas Meier zum Essen und klärt dabei, ob die angekündigte Neustrukturierung seines Bereichs die Rahmenbedingungen unseres Projekts verändert. Erledigung bis: xx.yy.201X«.

Machen Sie die Jobliste zum festen Agendapunkt Ihrer Projektteamsitzungen. Immer am Anfang jeder Sitzung besprechen und überprüfen Sie die Erledigung der bis zum heutigen Treffen »fälligen« Jobs. So tauschen Sie automatisch für alle transparent den neuesten Informationsstand zum Projekt aus, alle sind auf dem Laufenden und eventuell neu aufgetretene Fragestellungen oder Schwierigkeiten können Sie gemeinsam sofort erkennen und angehen.

Im Verlauf der Sitzung notieren Sie als Projektleiter *jede* neu entstandene oder entdeckte Aufgabe. Idealerweise am Ende des Meetings klären Sie, wer im Team welchen der neuen Jobs bis wann erledigt.

So bleibt übrigens auch die Verteilung der Arbeitsbelastung im Team transparent und es fällt allen auf, falls ein Teammitglied nie oder zu selten solche neuen Jobs übernimmt. Insofern »diszipliniert« eine gewissenhaft und transparent geführte und thematisierte Jobliste auch im positiven Sinn das Projektteam.

Nach jeder Projektteamsitzung stellen Sie als Projektleiter dem Projektteam die aktualisierte Jobliste zur Verfügung. In der Toolbox finden Sie eine einfache Vorlage für eine Jobliste.

➲ *Siehe Toolbox: 12b Vorlage Jobliste*

### 12.2.2 Meetingliste

Die Meetingliste ist das »vorausschauende Gedächtnis« des Projektteams.

Darin halten Sie sämtliche Einfälle und Hinweise für alle wichtigen Besprechungs- und Entscheidungstermine fest, also die Projektteamsitzungen, Lenkungsausschusssitzungen, Treffen mit dem Auftraggeber etc. Jede Idee und jede Anregung, die relevant für den weiteren Projektverlauf ist, wird in der Meetingliste sofort einem konkreten Termin oder zumindest einer konkreten Projektphase zugeordnet.

Wieso ist dieses Instrument zusätzlich zur Terminplanung sinnvoll? Zum einen, weil Sie hier, ähnlich wie in der Jobliste, kleinteilige Informationen festhalten, die den Terminplan aufblähen würden. Zum anderen, weil Sie hier weniger Aufgaben festhalten als vielmehr Ideen, die Sie erst zu einem späteren Zeitpunkt im Projekt durchdenken oder überprüfen möchten – etwa einen wertvollen Einfall für die Umsetzungsphase Ihres Projekts, den ein Teammitglied schon in der Startphase hat. Oder auch organisatorische Hinweise, z. B. dass zu einem bestimmten Termin eine wichtige Führungskraft bei einer Lenkungsausschusssitzung nicht anwesend sein kann oder ein Termin an einem bestimmten Tag in einem anderen Sitzungsraum als sonst stattfinden muss, der eine andere Ausstattung hat.

Sie werden feststellen, dass bereits im Rahmen der Formulierung der Projektziele, während der Projektplanung und in den Diskussionen zur Risikoanalyse viele Ideen und Gedanken genannt werden, die sich auf den späteren Projektverlauf beziehen, z. B. »Wenn wir in fünf Monaten das Thema Realisierung besprechen, sollten wir auch bedenken, dass ...« Notieren Sie solche Gedanken in der Meetingliste.

Pflegen Sie als Projektleiter die Meetingliste akribisch – so entlasten Sie sich und das Projektteam »im Kopf« erheblich und stellen sicher, dass kein wertvoller Gedanke verloren geht!

➲ *Siehe Toolbox: 12c Beispiel Meetingliste*

➲ *Siehe Toolbox: 12d Vorlage Meetingliste*

### 12.2.3 Statusbericht

Der Statusbericht ist ein periodischer Fortschrittsbericht. Er unterstützt Sie als Projektleiter weniger bei der Steuerung des Projekts als vielmehr in der strukturierten Weitergabe von Informationen, z. B. an den Auftraggeber oder den Lenkungsausschuss oder bei Bedarf an das Unternehmenscontrolling oder ein zentrales Project Management Office.

Der Statusbericht enthält in knapper Form den aktuellen Fortschritt und Stand Ihres Projekts, also den sogenannten Fertigstellungsgrad bezüglich Zeit und Qualität/Inhalten, den Kostenverlauf sowie eine Beschreibung von Engpässen, Problemen und Risiken jeweils mit Maßnahmen zur Beseitigung. Der Bericht gibt Ihr Wissen und Ihre Einschätzung der Projektzielerreichung als verantwortlicher Projektleiter zum Berichtszeitpunkt wieder.

➲ *Siehe Toolbox: 12e Vorlage Statusbericht*

Je nach Projekt und Unternehmenskultur kann der Statusbericht aber auch anders aussehen. Eine kurze wöchentliche E-Mail mit einer grünen, gelben oder roten Ampelfarbe für den Gesamtstatus und mit den wichtigsten Meilensteinen, Risiken und nächsten Schritten kann gerade bei viel beschäftigten Managern gut ankommen. Hauptsache, Sie haben Form und Rhythmus mit Ihrem Entscheidungsgremium und/oder Auftraggeber vereinbart und halten beides ein.

Der Statusbericht ersetzt allerdings keinesfalls die persönliche Kommunikation mit allen Projektbeteiligten!

Und auch zwischen den Regelberichten müssen Sie, um aktiv zu steuern, in jedem Fall laufend Informationen einholen und weitergeben – ob persönlich, telefonisch oder schriftlich, entscheiden Sie am besten selbst. Die Form sollte immer auf die aktuelle Situation im Projekt und die Adressaten zugeschnitten sein.

### 12.2.4 Decision Diary

Immer wieder kann es im Projekt vorkommen, dass Entscheidungen, die Sie als Projektleiter, Ihr Team, der Auftraggeber oder der Lenkungsausschuss zu einem früheren Zeitpunkt getroffen haben, nur noch schwer nachzuvollziehen sind oder zweifelsfrei belegt werden müssen. Dafür ist ein Decision Diary oder Entscheidungstagebuch hilfreich.

Denn im Projektverlauf treffen Sie eine Vielzahl wichtiger Entscheidungen. Meist werden sie im Protokoll der betreffenden Sitzung festgehalten. Wenn dann Wochen oder Monate später jemand die betreffende Entscheidung hinterfragt und wissen möchte, wer sie wann warum so getroffen hat, kann das oft spontan niemand vollständig beantworten. In diesem Fall müssten Sie als Projektleiter oder jemand aus dem Team viele Protokolle durchsehen, bis Sie die Dokumentation der betreffenden Entscheidung finden. Und nicht selten fehlen darin wichtige Informationen wie etwa eine auch mit größerem zeitlichen Abstand noch schlüssige Begründung der Entscheidung. Das Decision Diary schließt diese Lücke, weil es alle Entscheidungen im Projektverlauf mit allen relevanten Informationen zentral bereithält. Führen Sie es also anstelle oder (falls diese in Ihrem Unternehmen gefordert werden) zusätzlich zu einzelnen Sitzungsprotokollen.

In einem schlichten Word- oder Excel-Dokument können Sie

- jede einzelne Entscheidung festhalten,
- vermerken, wer sie wann getroffen hat und
- die Begründung für die Entscheidung anführen.

➲ *Siehe Toolbox: 12f Vorlage Decision Diary*

So stellen Sie sicher, dass Sie auch bei langer Laufzeit Ihres Projekts jederzeit wissen und mitteilen können, was wer wann und warum entschieden hat – und zwar auf einen Blick!

Zusätzlich oder alternativ zum Decision Diary können Sie auch einen sogenannten »Change Log« führen. Darin können Sie für das Gesamtprojekt und/oder je Teilprojekt oder Aufgabenpaket alle im Projektverlauf genehmigten Änderungen, die Budget, Zeit oder die Qualität (= Projektinhalte) betreffen, festhalten und jederzeit nachvollziehen (und damit nachweisen!).

➲ *Siehe Toolbox: 12g Vorlage Änderungsmanagement - Change Log*

## 12.3 Steuerungsprinzipien

### 12.3.1 Prinzip der Selbstanzeige

Das Prinzip der Selbstanzeige beruht auf dem Gedanken, dass Projektmitarbeiter den Projektleiter eigeninitiativ über Probleme, Verzögerungen oder auch nur die bloße Gefährdung der Zielerreichung so früh wie möglich informieren. Das heißt, als Projektleiter vereinbaren Sie mit dem Team, dass sich jeder im Falle von Schwierigkeiten bei der Aufgabenerledigung selbst »anzeigt«.

Dabei sollten Aspekte wie die Schuldfrage, Hierarchie oder gar die Hoffnung auf Besserung außen vor bleiben. Hier geht es um Verantwortungsbewusstsein und Ehrlichkeit gegenüber dem Projekt und den Teamkollegen. Das Prinzip Selbstanzeige trifft zweifellos auf hohe Zustimmung im ersten Projektmeeting. Erfahrungsgemäß vergessen oder ignorieren es die Projektmitarbeiter aber im Ernstfall. Dieses Prinzip müssen Sie also immer wieder bewusst machen und vor dem Hintergrund der Projektkultur ansprechen. Letztendlich funktioniert das Prinzip nur, wenn die Anzeige nicht wehtut, die Nichtanzeige jedoch geahndet wird. Sie sollten als Projektleiter für jede »Selbstanzeige« dankbar sein, sie gilt als professionell. Dulden Sie kein Verschweigen oder Verharmlosen von (drohenden) Problemen!

Ziel ist, dass Sie möglichst alle Verzögerungen, Hindernisse und Risiken im Projekt bereits im Ansatz erkennen und bekämpfen.

### 12.3.2 Prinzip der Frühwarnung

Auch dieses Prinzip sollten Sie als Projektleiter frühzeitig mit Ihrem Team als Grundsatz für die Zusammenarbeit vereinbaren.

Es macht keinen Spaß, über Gefahren und Stolpersteine nachzudenken. Aus diesem Grund ignorieren wir Frühwarnungen gerne – gesundheitlich, beruflich und auch im Projekt. Das Eingehen auf Signale wirkt zunächst immer wie ein Geschwindigkeitsverlust und Zeit ist ja im Projekt ein knappes, also kostbares Gut. Deshalb sollten Sie Ihr Team darauf »einschwören«, schon frühzeitig Warnsignale zu beachten und zu melden.

Folgende Warnsignale sollten Sie und alle Mitglieder Ihres Teams unbedingt beachten:

- das eigene Bauchgefühl,
- das Verhalten der Verantwortlichen,
- Andeutungen und Nichtausgesprochenes,
- Informationslücken,
- Themen, die vermieden werden,
- Widersprüche,
- ausführliche nebulöse Antworten,
- sinkende Motivation,
- keine, verspätete oder ausweichende Antworten auf E-Mails,
- Beteiligte lassen Termine platzen,

- Disziplin lässt nach (Jobs werden nicht mehr oder verspätet erledigt, Teammitglieder nehmen nicht mehr zuverlässig an den Teamsitzungen teil usw.).

Greifen Sie solche Signale auf und sprechen Sie sie mutig und offen im Team an! Vertrauen Sie hier ruhig Ihrem Bauch, er nimmt solche Signale meist viel früher und deutlicher wahr als Ihr Verstand. Jeder Projektmitarbeiter sollte die Verantwortung für seine Zuständigkeiten, aber auch für das Gesamte übernehmen. Sensibilisieren Sie sich und Ihre Projektmitarbeiter immer wieder dafür! Denn diese Warnzeichen haben einen Grund und weisen in der Regel auf entstehende Probleme hin. Klären Sie gemeinsam mit dem Team, wie Sie dem begegnen wollen.

# Kapitel 13

# Projektreview

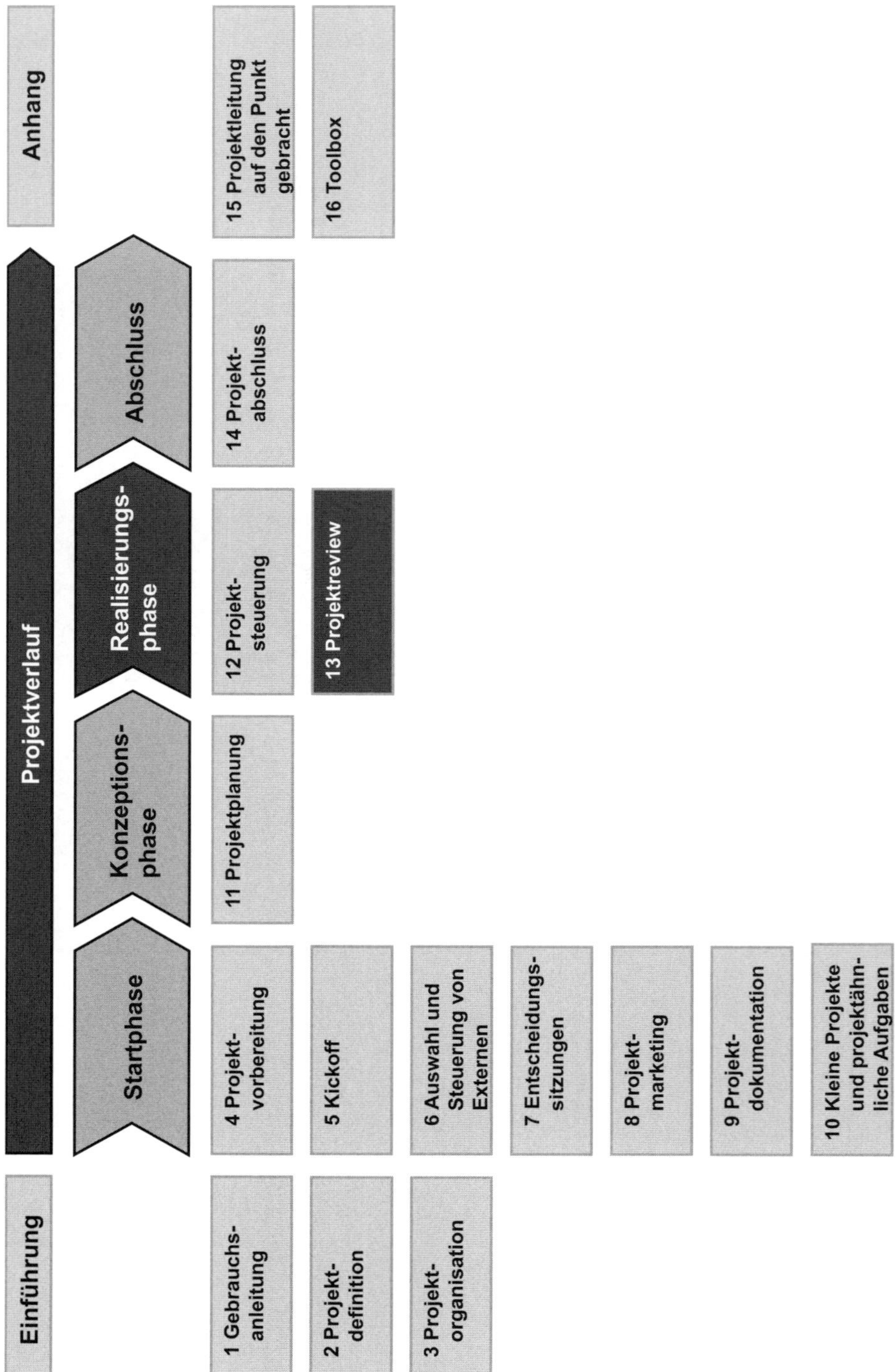
Einführung
1 Gebrauchs-anleitung
2 Projekt-definition
3 Projekt-organisation
Projektverlauf
Startphase
4 Projekt-vorbereitung
5 Kickoff
6 Auswahl und Steuerung von Externen
7 Entscheidungs-sitzungen
8 Projekt-marketing
9 Projekt-dokumentation
10 Kleine Projekte und projektähn-liche Aufgaben
Konzeptions-phase
11 Projektplanung
Realisierungs-phase
12 Projekt-steuerung
13 Projektreview
Abschluss
14 Projekt-abschluss
Anhang
15 Projektleitung auf den Punkt gebracht
16 Toolbox

Ein Projektreview dient der Nachbetrachtung einer abgeschlossenen Projektphase oder eines abgeschlossenen Projekts. Es hilft Ihnen, dem Projektteam und Ihrem Unternehmen, aus den gewonnenen Erfahrungen für den weiteren Projektverlauf bzw. für zukünftige Projekte zu lernen, und ist daher unerlässlich. Eine solche Projektnachbetrachtung befasst sich mit den Stärken und den positiven Aspekten des Projekts ebenso wie mit den Schwächen und den negativen Aspekten.

Hier können Sie lernen und Ihr Unternehmen sowie andere Projektleiter und -teams von Ihren Erfahrungen profitieren lassen!

> Nehmen Sie sich die Zeit für ein Projektreview und planen Sie es von vornherein nach Meilensteinen oder spätestens am Projektende ein.

Es gibt im Wesentlichen zwei Formen von Projektreviews:

- Meilensteinreview,
- Projektendreview.

Das Meilensteinreview betrachtet eine Projektphase und ist speziell in großen, komplexen Projekten sinnvoll. Es wird nach Erreichen wichtiger Meilensteine durchgeführt. Das Projektendreview bezieht sich dagegen auf die gesamte Projektlaufzeit und findet im Rahmen des Projektabschlusses statt.

Tabelle 13.1 zeigt die Fragen, die Sie in einem Projektreview-Meeting beantworten sollten.

**Rückschau**

- Was war gut? Was hat mir gut gefallen?
- Was war weniger gut? Welche Schwierigkeiten gab es?
- Was waren die Hauptursachen für die Schwierigkeiten?
- Was haben alle im Team daraus gelernt?

**Analyse des Projekts nach Themenfeldern**

- Was hat die Projektarbeit bezüglich nachstehender Themenfelder
  - erschwert?
  - erleichtert?
- mögliche Themenfelder
  - Projektstart
  - Auftragsklärung
  - Skills im Projektteam
  - Projektorganisation (Experten, Lenkungsausschuss, ...)
  - Projektplanung
  - Kommunikation im Projektteam
  - Meetings
  - Umgang mit Tools
  - Dokumentation
  - Entscheidungsprozesse
  - Projektsteuerung und Risikomanagement
  - Projektmarketing

**Aktueller Stand**

- Ist der Projektauftrag noch aktuell oder muss er angepasst werden?
- Ist die Planung noch realistisch?
- Ist das Budget noch angemessen bzw. ausreichend?
- Sind die Spielregeln noch passend und werden sie noch eingehalten?
- Ist die Kraftfeldanalyse noch aktuell?
- Sind unsere Risikoeinschätzungen noch aktuell?
- Welche Unterstützung wäre für noch mehr Erfolg notwendig?

| Anerkennung und Kritik in der Zusammenarbeit von ... |
|---|
| ▪ Projektleiter und Projektteam |
| ▪ Projektteam untereinander |
| ▪ Projektteam und beteiligte Bereiche |
| ▪ Projektleiter/Projektteam und Lenkungsausschuss |
| ▪ Projektteam und Auftraggeber/Kunde |
| **Erfahrungssicherung für den weiteren Projektverlauf bzw. für künftige Projekte hinsichtlich** |
| ▪ Auftragsklärung |
| ▪ Methoden und Vorgehen |
| ▪ Team und Führung |
| ▪ Administration und Organisation |
| ▪ mögliche Fragestellungen |
| – Wieder so ... |
| – Lieber so ... |
| – Nie wieder so ... |

**Tabelle 13.1** Inhalte des Projektreview-Meetings

In der Toolbox finden Sie Vorlagen, mit deren Hilfe Sie das Review im Team strukturiert erarbeiten können.

➲ *Siehe Toolbox: 13a Vorlage Review 1*

➲ *Siehe Toolbox: 13b Vorlage Review 2*

Eine andere bewährte Variante, um die Stimmung und Zufriedenheit unter den Projektbeteiligten zu ermitteln, bietet ein Feedbackbogen. Die Beteiligten können ihn anonym und in Ruhe ausfüllen. Der Projektleiter erhält ehrliche Einzelrückmeldungen, die er außerdem zusammen auswerten und so zu einem Gesamtbild fügen kann.

➲ *Siehe Toolbox: 13c Anleitung Feedbackbogen*

➲ *Siehe Toolbox: 13d Vorlage Feedbackbogen Team*

➲ *Siehe Toolbox: 13e Feedbackbogen Management*

### Blitzlicht

Im Projektverlauf sollten Sie als Projektleiter immer wissen, wie es um die Stimmung und aktuelle Situation in Ihrem Team steht. Eine sehr gute Möglichkeit, das schnell und fair abzufragen, ist das sogenannte Blitzlicht, in dem sich jeder Teilnehmer kurz äußert.

Es kann sowohl während einer Besprechung als auch zum Ende einer Besprechung oder eines Workshops eingesetzt werden. Die einfachste Möglichkeit, ein Blitzlicht durchzuführen, besteht darin, dass der Moderator oder Leiter der Gesprächsrunde eine oder mehrere Fragen auf einem Flipchart notiert und jeder Teilnehmer dazu eine knappe Stellungnahme abgibt.

Jeder spricht kurz über das, was ihn gerade beschäftigt (Erwartungen, Befürchtungen, schlechte Erfahrungen usw.).

Mögliche Fragestellungen sind zum Beispiel:

- Wie geht es mir aktuell im Projekt?
- Mit welcher Stimmung komme ich in unsere Sitzungen?
- Was macht mir an unserer Projektarbeit besonders Spaß?
- Was vermisse ich in unserem Projekt?

Beim Blitzlicht gelten folgende Regeln:

- jeder spricht nur für sich,
- »ich« statt »man«,
- kurze, persönliche Aussagen,
- keine Diskussionen oder Stellungnahmen.

Als Projektleiter bedanken Sie sich für die kurzen Aussagen, die Sie im Blitzlicht erhalten haben. Eine gute Idee ist es, wenn Sie sie transparent auf Flipchart mitschreiben. Wie bei jedem Feedback gehen Sie nicht inhaltlich darauf ein und kommentieren sie nicht. Auch bei kritischen Rückmeldungen rechtfertigen oder verteidigen Sie sich nicht. Vielmehr nehmen Sie diese Aussagen an, machen sich Gedanken dazu und erarbeiten, am besten beim nächsten Treffen mit dem Team, zu kritischen Hinweisen Lösungsvorschläge. Die positiven Aussagen nehmen Sie als Lob und Ermunterung, die entsprechenden Aspekte oder Vorgehensweisen im Projekt beizubehalten oder sogar auszubauen.

# Kapitel 14

# Projektabschluss

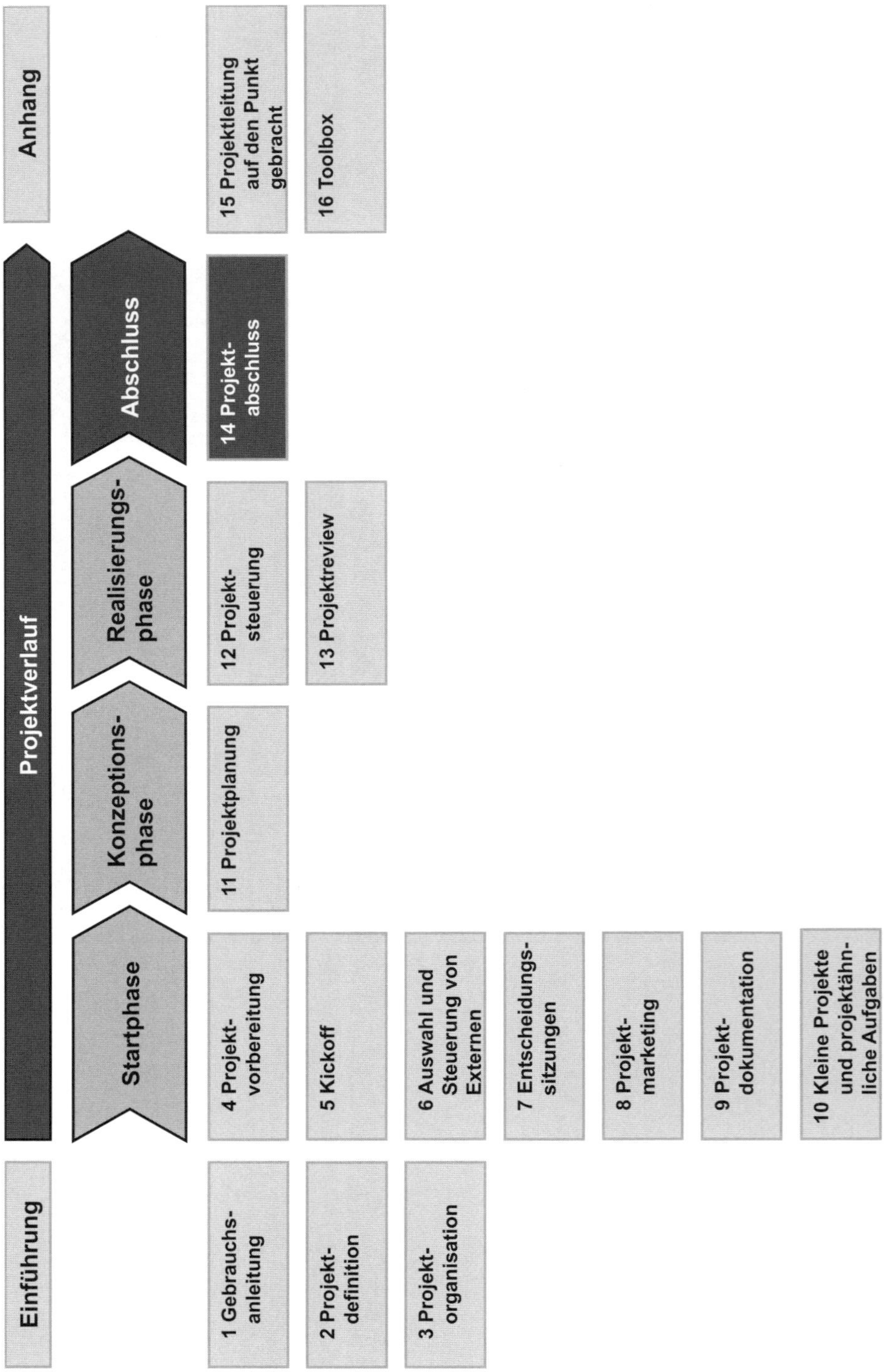
Einführung
Projektverlauf
Anhang
Startphase
Konzeptions-phase
Realisierungs-phase
Abschluss
1 Gebrauchs-anleitung
2 Projekt-definition
3 Projekt-organisation
4 Projekt-vorbereitung
5 Kickoff
6 Auswahl und Steuerung von Externen
7 Entscheidungs-sitzungen
8 Projekt-marketing
9 Projekt-dokumentation
10 Kleine Projekte und projektähn-liche Aufgaben
11 Projektplanung
12 Projekt-steuerung
13 Projektreview
14 Projekt-abschluss
15 Projektleitung auf den Punkt gebracht
16 Toolbox

Der Projektabschluss ist die letzte Phase und der offizielle Schlusspunkt am Ende eines Projekts.

> Gestalten Sie den Projektabschluss bewusst, damit Sie Ihr Projekt nicht nur formal beenden, sondern auch für sich selbst abschließen können!

Diese letzte Projektphase umfasst folgende Aktivitäten:

- Projektübergabe: Übergabe des Produkts bzw. der Projektergebnisse inklusive vollständiger Dokumentation an den verantwortlichen Bereich. Die Überführung der Projektendergebnisse (des Endprodukts) an die Produktverantwortlichen findet unter der Verantwortung des Projektleiters statt. Spätestens hier muss die weitere Betreuung des Produkts »im Betrieb« geregelt sein. Sie dokumentieren diese Übergabe im Projektabschlussbericht.
- Fertigstellen des Abschlussberichts, am besten im Team (Typische Inhalte des Abschlussberichts finden Sie in Kapitel 9 »Projektdokumentation«).
- Entlastung von Projektleiter und Projektteam: Mit der Abnahme der Arbeitsergebnisse und des Projektabschlussberichts entlastet der Auftraggeber oder der Lenkungsausschuss den Projektleiter und die Projektmitarbeiter von ihren Aufgaben. Die Projektorganisation wird aufgelöst. Das wird durch die Unterschriften von Auftraggeber und Projektleiter im Projektabschlussbericht dokumentiert.
- Lessons-Learned-Workshop: Lassen Sie gemeinsam mit dem Team das Projekt noch einmal Revue passieren, um wichtige Erkenntnisse für sich und andere herauszuarbeiten und im Projektabschlussbericht zu dokumentieren.
- Durchführung einer Projektabschlusssitzung

Bereiten Sie als Projektleiter die Abschlusssitzung professionell vor! Sie prägt den letzten Eindruck, den Sie bei Ihren Mitstreitern hinterlassen. Zur Planung und Strukturierung des Workshops nutzen Sie aus der Toolbox die Vorschläge für die Agenda und den Regieplan.

➲ *Siehe Toolbox: 14a Agenda für die Projektabschlusssitzung*

➲ *Siehe Toolbox: 5b Vorlage Regieplan*

Gerade weil das Interesse und die Motivation mancher Projektmitarbeiter zum Projektende erfahrungsgemäß nachlassen, andere wiederum die Arbeit im Team vermissen werden, sollten Sie als Projektleiter das Projektende mit dem Team bewusst gestalten.

Feiern Sie den Erfolg!

Eine offizielle Abschlussfeier in entspannter Atmosphäre rundet das Projekt ab und verdeutlicht noch einmal die Bedeutung, die das Projekt für das Unternehmen und die Projektmitarbeiter hatte. Außerdem ist dies ein guter Zeitpunkt, noch einmal die Leistungen des Teams abschließend zu würdigen.

# Kapitel 15

# Projektleitung auf den Punkt gebracht

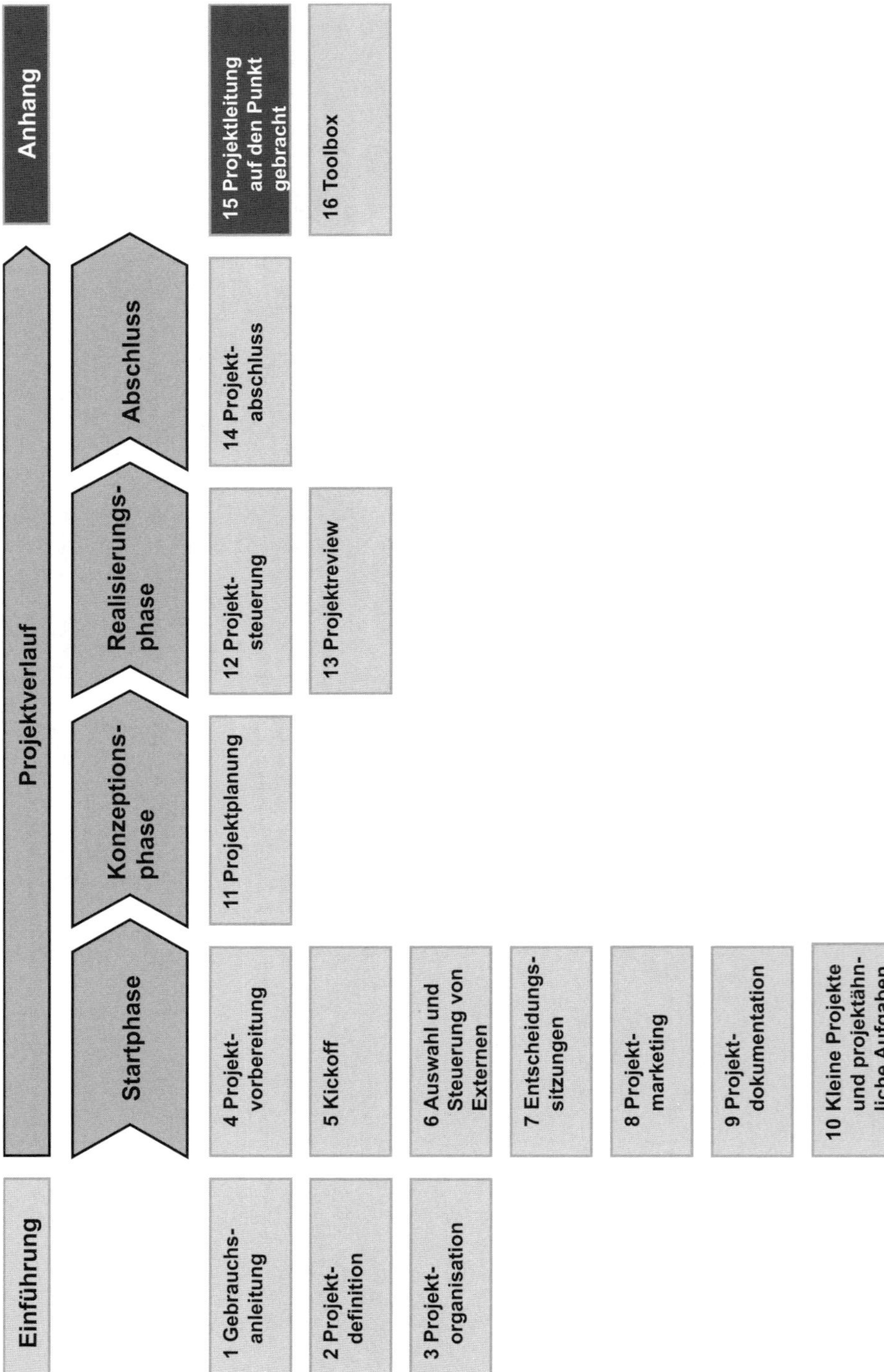
Einführung
Projektverlauf
Anhang
Startphase
Konzeptions-phase
Realisierungs-phase
Abschluss
1 Gebrauchs-anleitung
2 Projekt-definition
3 Projekt-organisation
4 Projekt-vorbereitung
5 Kickoff
6 Auswahl und Steuerung von Externen
7 Entscheidungs-sitzungen
8 Projekt-marketing
9 Projekt-dokumentation
10 Kleine Projekte und projektähn-liche Aufgaben
11 Projektplanung
12 Projekt-steuerung
13 Projektreview
14 Projekt-abschluss
15 Projektleitung auf den Punkt gebracht
16 Toolbox

So wird Ihr Projekt ein Erfolg: Lesen Sie auf den folgenden Seiten nochmal eine komprimierte Zusammenfassung der wichtigsten Punkte, die Sie als Projektleiter beachten sollten.

## 15.1 Grundsätze

Oberster Grundsatz für die Rolle als Projektleiter: Klären Sie, stellen Sie Fragen, anstatt in Unwissenheit zu verharren oder auf Interpretationen zu bauen. Interpretationen und Vorurteile sind der Nährboden für Missverständnisse und damit für Konflikte. Klären Sie gemeinsam im Projektteam

- Ziele,
- Erwartungen,
- Risiken,
- Spielregeln,
- Rollen und
- Vorgehen.

In Projekten muss vieles getan werden, was Zeit kostet und zunächst nicht zwingend notwendig erscheint. Die Erfahrung zeigt jedoch: Jede Unterlassung rächt sich! Nutzen Sie daher alle Hinweise, Vorgehensschritte und Tools, die in diesem Buch empfohlen sind.

Organisieren Sie sich Unterstützung, wenn Sie noch nicht so viel Erfahrung haben oder Schwierigkeiten im Projekt auftreten.

Eine Gegenüberstellung wesentlicher Erfolgsfaktoren und Stolpersteine jeder Projektphase finden Sie in der Toolbox.

➲ *Siehe Toolbox: 15a Fehler und Erfolgsfaktoren*

Hier noch einmal das Wichtigste für jede Phase und auch für projektähnliche Aufgaben.

## 15.2 Startphase

### 15.2.1 Projektvorbereitung

- Nehmen Sie mit Ihrem Projektteam und Ihrem Auftraggeber möglichst schnell Kontakt auf.
- Stellen Sie sicher, dass alle Projektbeteiligten exakt das Gleiche unter den Projektzielen verstehen.
- Formulieren Sie die Ziele im bereits erreichten Zustand. Das heißt kein »Wir werden ...«, »Wir wollen ...«, sondern »Es existiert ...«, »Maßnahmen sind konzipiert ...«, »Die User haben ... getestet und abgenommen«.
- Definieren Sie zur klaren Projektabgrenzung auch immer, was nicht Ziel Ihres Projekts ist.

### 15.2.2 Projektrollen

- Führen und steuern Sie als Projektleiter das Projekt aktiv, sonst tun es andere!
- Klären und dokumentieren Sie, wer die letztendlich richtungweisenden Entscheidungen fällt: Lenkungsausschuss, Auftraggeber, Geschäftsführung, Vorstand, andere Instanzen oder Gremien?
- Klären und halten Sie auch hier wieder schriftlich die Rollen, Kompetenzen und Aufgaben aller Projektbeteiligten fest – spätestens im Kickoff.
- Als Projektleiter brauchen Sie Führungsfähigkeiten und Projektmanagement-Know-how, denn Sie sind ein Manager auf Zeit unter erschwerten Bedingungen.

### 15.2.3 Kickoff

- Investieren Sie in den Start des Projekts!
- Wenn Sie unter Zeitdruck stehen, sparen Sie Zeit im späteren Projektverlauf – nicht jedoch in der Startphase. Hier sollten Sie nicht kleckern, sondern klotzen!

- Bereiten Sie das Kickoff gut vor, denn hier zeigen Sie sich als Person und mit Ihrer Professionalität das erste Mal. Hier entsteht der Stil, der Ihr Projekt prägt.
- Das Kickoff benötigt einen halben bis zwei ganze Tage – je nach Projektdauer und -größe. Auch wenn Meetings in Ihrem Unternehmen oder Umfeld gewöhnlich nicht länger als 90 Minuten dauern, hier müssen Sie einfach mehr Zeit investieren.
- Investieren Sie in die Mannschaftsaufstellung – also die Positionen, Rollen, Ziele, Regeln des Zusammenspiels, die Strategie und die Analyse des Umfelds.

### 15.2.4 Steuern von externen Partnern

- Sie sind als Projektleiter der Auftraggeber der externen Projektbeteiligten, also steuern Sie auch diese aktiv und konsequent. Trauen Sie sich!
- Stimmen Sie sich von Anfang an eng mit der Einkaufs- und mit der Rechtsabteilung ab. Nutzen Sie deren Kompetenz und Know-how.

### 15.2.5 Entscheidungssitzungen

- Setzen Sie die Lenkungsausschuss- oder andere Entscheidungssitzungen nicht als Regeltermin an, sondern bei echtem Entscheidungsbedarf, zu Meilensteinen oder anderen wichtigen Anlässen.
- Setzen Sie die Termine für Entscheidungssitzungen aber frühzeitig an, damit auch alle wichtigen Teilnehmer Zeit dafür haben.
- Bereiten Sie Entscheidungen professionell vor, nur dann wird das betreffende Gremium auch eine Entscheidung treffen.
- Formulieren Sie klar, was genau der Lenkungsausschuss entscheiden soll und warum er dies gerade jetzt tun muss.
- Konzentrieren Sie sich auf das Wesentliche – dies jedoch mit dem nötigen Tiefgang.
- Führen Sie vor den ersten Entscheidungssitzungen einen Trockenlauf durch, denn erst dabei werden Sie feststellen, wie Ihre Parts und Ihr Auf-

tritt wirklich wirken. Nach dem Trockenlauf haben Sie noch die Möglichkeit, die vorbereitete Präsentation und Ihr Auftreten zu optimieren.

### 15.2.6 Projektmarketing

- Machen Sie Ihr Projekt nicht zu einer Geheimsache.
- Kommunizieren Sie vom Projektstart an die Ziele, den zwingenden Veränderungsbedarf und den Nutzen.
- Betrachten Sie Ihr Projekt auch durch die Brille von Kunden, Kollegen, Auftraggeber, späteren Nutzern Ihrer Projektergebnisse und anderen Interessengruppen.
- Beziehen Sie Projektpartner und Betroffene aktiv und frühzeitig ein – nicht erst im Rahmen der endgültigen Einführung von Neuerungen.
- Durchhaltevermögen – bleiben Sie dran!
- Informieren und kommunizieren Sie über die gesamte Projektlaufzeit hinweg.

### 15.2.7 Projektdokumentation

- Pflegen Sie ein schlankes und zugleich aussagekräftiges Berichtswesen. So viel wie nötig und so wenig wie möglich.
- Achten Sie auf eine verständliche und nachvollziehbare Dokumentation in einer übersichtlichen Struktur. Schreiben Sie Protokolle und auch andere Dokumente so, dass Sie in drei Monaten immer noch im Detail verstehen, was besprochen oder beschlossen wurde.
- Verteilen Sie das Schreiben und die Pflege der verschiedenen Dokumente auf alle Schultern des Projektteams.

### 15.2.8 Kleine Projekte und projektähnliche Aufgaben

Nutzen Sie für kleine Projekte und Aufgaben mit projektähnlichem Charakter

- das gemeinsame Kickoff inklusive einer Rollenklärung,
- klare, gemeinsam diskutierte und definierte Projektziele,

- eine terminliche Grobplanung sowie
- die Jobliste und das Decision Diary.

# 15.3 Konzeptionsphase

**Projektplanung**

- Planen Sie realistisch und mit Puffern in allen relevanten Projektphasen, denn sonst wird Ihr Projekt nie innerhalb des vorgesehenen Zeitrahmens abgeschlossen sein.
- Stellen Sie bereits im Rahmen der Projektplanung sicher, dass die für die Arbeitspakete vorgesehenen Mitarbeiter die erforderlichen Fähigkeiten besitzen und die erforderliche Zeit aufbringen können.
- Beteiligen Sie das gesamte Projektteam an der Planung und ziehen Sie gegebenenfalls weitere Experten hinzu.
- Halten Sie während der Projektplanung Ideen, Annahmen, Argumente, grundsätzliche Überlegungen und gedankliche Details fest, um später nachvollziehen zu können, weshalb Sie so geplant haben, wie Sie geplant haben.

# 15.4 Realisierungsphase

## 15.4.1 Projektsteuerung

- Projektziele verändern sich häufig im Verlauf des Projekts (mehr, weniger, anders).
- Klären Sie jede Veränderung gründlich, formulieren Sie sie konkret und entscheiden Sie bewusst darüber, ob Sie die Veränderung – so wie sie gewünscht wird – annehmen. Passen Sie gegebenenfalls die Zielformulierung im Projektauftrag an.

- Haben Sie alle vorhandenen Pläne, Dokumente und Tools permanent im Fokus. Behalten Sie die Aufgabenpakete und die Jobliste im Blick und steuern Sie kritische Aufgaben präventiv und intensiv.
- Es gibt keine unvorhersehbaren, sondern nur unvorhergesehene Risiken. Nutzen Sie daher die Risikoanalyse und betreiben Sie präventiv Risikomanagement.
- Schaffen Sie ein Projektklima, in dem ein »Frühwarnsystem« funktioniert. Das heißt, jeder gibt dem Projektleiter sofort Bescheid, wenn sich Schwierigkeiten auch nur andeuten.
- Kontrolle und Überwachung sind nicht nur in Ordnung, sondern notwendig. Vereinbaren Sie dies bereits am Anfang in den Spielregeln, dann wird sich später niemand auf die Füße getreten fühlen.
- Sorgen Sie dafür, dass Sie jederzeit über den Stand des Projekts informiert sind – gerade über Risiken, mögliche Verzögerungen oder andere Schwierigkeiten.

### 15.4.2 Projektreview

- Auch wenn Sie gut gestartet sind – die Sitten im Projekt(team) verrohen mit der Zeit. Nehmen Sie sich die Zeit, mit Ihrem Team einen Schritt zurückzutreten und Ihre gemeinsame Projektarbeit zu betrachten.
- Sorgen Sie dabei vor allem für Aktualität und Klarheit der Projektziele sowie der Kommunikations- und Arbeitsregeln.

## 15.5 Projektabschluss

- Es wurde viel geleistet. Geben Sie dem Projekt und auch dem Team einen würdigen und bewussten Abschluss!
- Informieren Sie alle relevanten Instanzen über die Projektergebnisse/-erfolge und das Projektende. Dies ist Ihr letzter Akt im Rahmen des Projektmarketings.

# Kapitel 16

# Toolbox

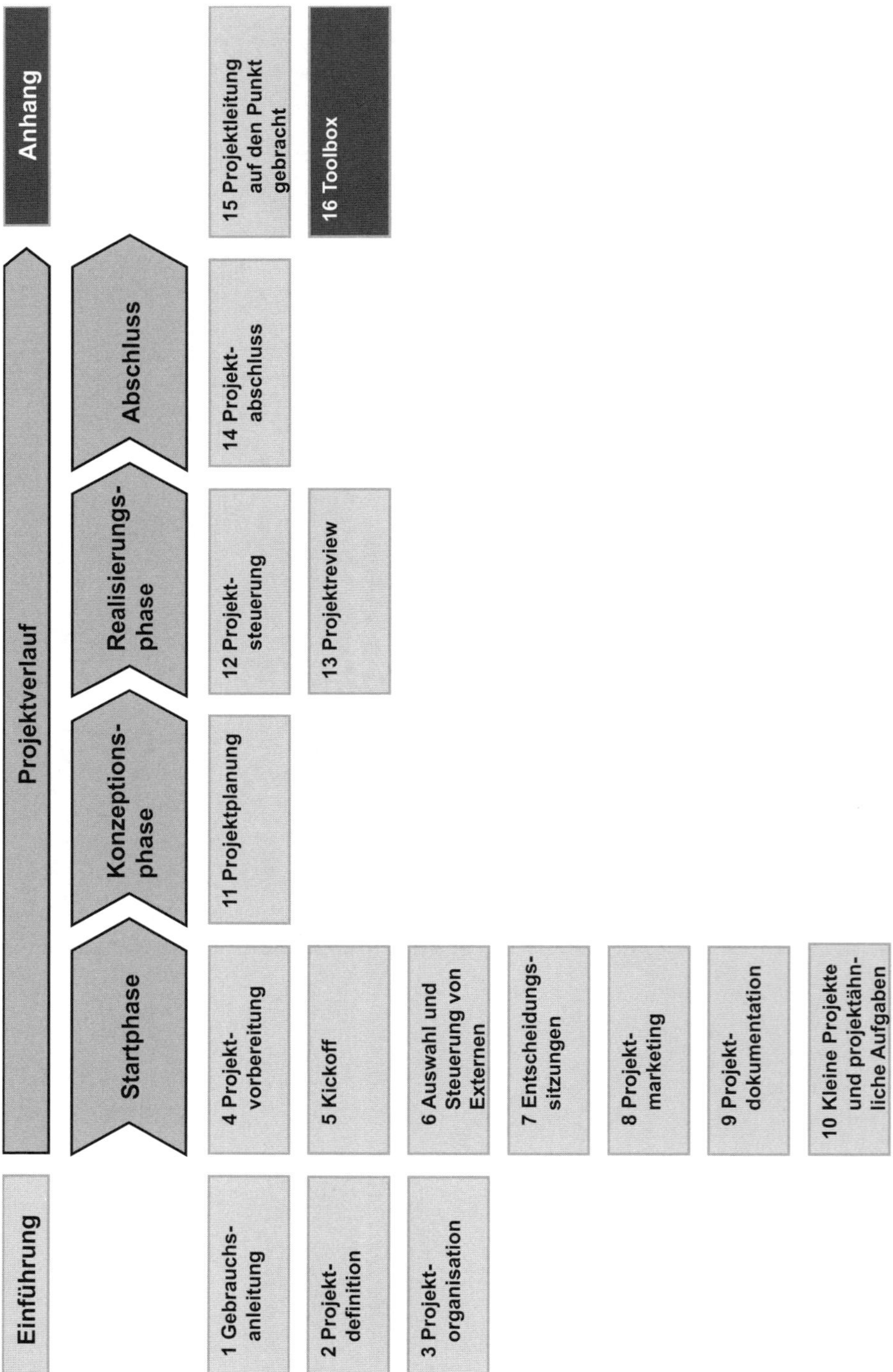
Einführung
Projektverlauf
Anhang
Startphase
Konzeptions-phase
Realisierungs-phase
Abschluss
1 Gebrauchs-anleitung
2 Projekt-definition
3 Projekt-organisation
4 Projekt-vorbereitung
5 Kickoff
6 Auswahl und Steuerung von Externen
7 Entscheidungs-sitzungen
8 Projekt-marketing
9 Projekt-dokumentation
10 Kleine Projekte und projektähn-liche Aufgaben
11 Projektplanung
12 Projekt-steuerung
13 Projektreview
14 Projekt-abschluss
15 Projektleitung auf den Punkt gebracht
16 Toolbox

**2** *Projektdefinition*
**2a** Abgrenzung von Projekten ........ S. 151

**4** *Projektvorbereitung*
**4a** Vorlage Projektauftrag ........ S. 152
**4b** Beispiel Projektauftrag ........ S. 155
**4c** Beispiel Zieldefinition ........ S. 158
**4d** Ablauf der Projektvorbereitung ........ S. 159

**5** *Kickoff*
**5a** Beispiel Regieplan Kickoff ........ S. 160
**5b** Vorlage Regieplan ........ S. 162
**5c** Checkliste Kickoff ........ S. 163
**5d** Beispiele für Spielregeln ........ S. 165
**5e** Besprechungsleitfaden für zielwirksame Meetings ........ S. 167
**5f** Vorlage Kontaktdaten ........ S. 169
**5g** Vorlage Kraftfeldanalyse 1 ........ S. 170
**5h** Vorlage Kraftfeldanalyse 2 ........ S. 171

**7** *Entscheidungssitzungen*
**7a** Checkliste für Lenkungsausschusssitzungen ........ S. 172
**7b** Vorschlag zur Gliederung der Agenda ........ S. 173
**7c** Leitfaden zum Aufbau von Argumentationen ........ S. 174
**7d** Entscheidungen herbeiführen ........ S. 175
**7e** Professionelle Präsentation ........ S. 176
**7f** Professionelle Moderation ........ S. 179
**7g** Umgang mit unterschiedlichen Charakteren ........ S. 180
**7h** Vorlage Protokoll ........ S. 181

**8** *Projektmarketing*
**8a** Beispiel Kommunikationsmatrix 1 ........ S. 182
**8b** Vorlage Kommunikationsmatrix 1 ........ S. 184
**8c** Vorlage Kommunikationsmatrix 2 ........ S. 186

**9** *Projektdokumentation*
**9a** Vorlage Projektabschlussbericht ........ S. 187
**9b** Beispiel Projektabschlussbericht ........ S. 189

**11** *Projektplanung*
**11a** Phasenplan für unterschiedliche Projektarten ........ S. 192
**11b** Vollständigkeit des Projektstrukturplans ........ S. 193
**11c** Definition Arbeitspaket ........ S. 194
**11d** Beispiel Arbeitspaket ........ S. 195
**11e** Vorlage Arbeitspaket ........ S. 197
**11f** Vorlage Terminplan ........ S. 199

**11g** Beispiel Terminplanung 1 ........ S. 200
**11h** Beispiel Terminplanung 2 ........ S. 201
**11i** Beispiel Terminplanung 3 ........ S. 202
**11j** Vorlage Projektschnittstellen/Abhängigkeiten ........ S. 203
**11k** Vorlage Kapazitätsplanung 1 ........ S. 204
**11l** Vorlage Kapazitätsplanung 2 ........ S. 205
**11m** Vorlage Kostenplanung 1 ........ S. 206
**11n** Vorlage Kostenplanung 2 ........ S. 207
**11o** Vorlage Vollkostenrechnung ........ S. 208
**11p** Vorlage Risikoanalyse 1 ........ S. 209
**11q** Vorlage Risikoanalyse 2 ........ S. 210
**11r** Checkliste Projektplanung ........ S. 211

**12** *Projektsteuerung*
**12a** Checkliste Projekterfolg ........ S. 213
**12b** Vorlage Jobliste ........ S. 214
**12c** Beispiel Meetingliste ........ S. 215
**12d** Vorlage Meetingliste ........ S. 216
**12e** Vorlage Statusbericht ........ S. 217
**12f** Vorlage Decision Diary ........ S. 220
**12g** Vorlage Änderungsmanagement - Change Log ........ S. 221

**13** *Projektreview*
**13a** Vorlage Review 1 ........ S. 222
**13b** Vorlage Review 2 ........ S. 223
**13c** Anleitung Feedbackbogen ........ S. 225
**13d** Vorlage Feedbackbogen Team ........ S. 226
**13e** Vorlage Feedbackbogen Management ........ S. 229

**14** *Projektabschluss*
**14a** Agenda für die Projektabschlusssitzung ........ S. 231

**15** *Projektleitung auf den Punkt gebracht*
**15a** Fehler und Erfolgsfaktoren ........ S. 232

### Hinweise zur CD

Auf der beiliegenden CD finden Sie alle Dokumente, die auch in der Toolbox dieses Buchs enthalten sind. Viele Dokumente liegen in zwei Varianten vor: als leere »Vorlage«, die Sie mit Ihren eigenen Projektinhalten füllen können, und als befülltes »Beispiel«, das Ihnen die Handhabung veranschaulicht.

Die CD startet automatisch und läuft problemlos auf:

- Windows 2000, Windows XP, Windows Vista, Windows 7 oder höher,
- Prozessor: Pentium 4 (oder Equivalent, 120 MHz) oder höher,
- 32 MB RAM oder höher,
- 1024 × 768-Display mit 16 Bit oder höher.

Sie können bequem die Daten von der CD starten und die Dateien in Ihre gewünschten Verzeichnisse abspeichern. Legen Sie die CD in das entsprechende Laufwerk, es erscheint dann automatisch die Startmaske (Bild 16.1).

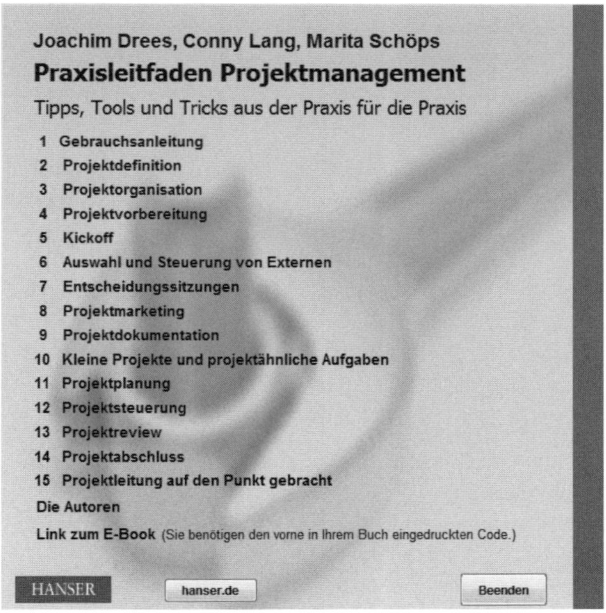


**Bild 16.1** Praxisleitfaden Projektmanagement – Startmaske

Die CD ist entsprechend dem Buch gegliedert. Sie erhalten zu jedem Kapitel die Arbeitshilfen vorwiegend in den gängigen Microsoft-Formaten. Bei den in die CD eingebundenen Dateien handelt es sich jeweils um die Version 2007.

Sollte die CD nicht automatisch starten, dann öffnen Sie bitte die Anwendungsdatei »Praxisleitfaden_Projektmanagement_starten.exe«. Sie können auch direkt über Ihren Browser auf die CD zugreifen und die Daten abspeichern. Unter dem Ordner »Tools_ohne_Einbindung_in_Anwendung« finden Sie noch mal alle Daten ohne die Einbindung in die Anwendung.

Bei Rückfragen wenden Sie sich bitte an Lisa Hoffmann-Bäuml,
E-Mail: Lisa.Hoffmann@hanser.de.

## 2a Abgrenzung von Projekten

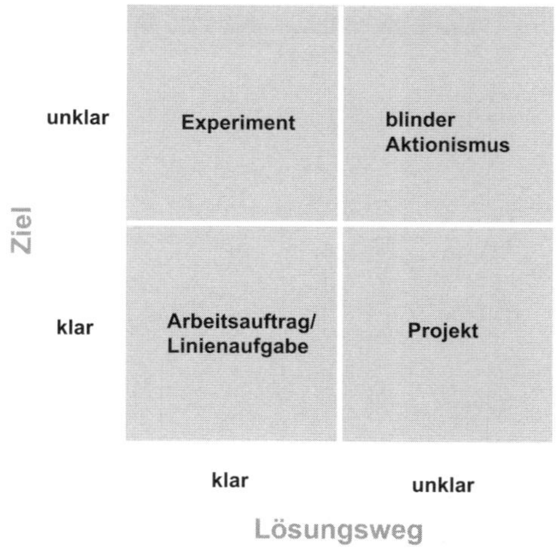


**Abgrenzung Arbeitsauftrag/Projekt**

Der Arbeitsauftrag unterscheidet sich vom Projekt dadurch, dass neben dem Ziel auch der Lösungsweg bereits vorgegeben ist. Es existiert zum Beispiel bereits ein Umsetzungsplan, oder diese Aufgabe wurde mit einem ähnlichen Ziel bereits bearbeitet. Da der Weg bereits bekannt ist, kann es sich nicht um eine gänzlich neuartige Aufgabe handeln.

**Abgrenzung Experiment/Projekt**

In einem Experiment ist bekannt, wie vorgegangen werden soll, allerdings noch nicht, was mit seiner Durchführung erreicht wird, welches Problem gelöst oder welches konkrete Ziel realisiert wird. Ein solches Vorgehen mag zunächst sinnlos erscheinen. In der Forschung oder Vorentwicklung jedoch kann es durchaus lohnenswert sein, etwa bekannte Verfahren auf neue Anwendungsfelder zu übertragen und zu hoffen, dass ein verwertbares Ergebnis entsteht.

**Abgrenzung blinder Aktionismus/Projekt**

Blinder Aktionismus liegt dann vor, wenn weder Ziel noch Vorgehen klar sind. Einen solchen Auftrag sollte man besser ablehnen. Ein »Machen Sie mal, wird schon!« ist selten von Erfolg gekrönt und führt in vielen Fällen nur zu Frustration.

## 4a Vorlage Projektauftrag

| Grunddaten des Projekts | |
|---|---|
| **Projektname** | |
| **Projektleiter** | |
| **Auftraggeber** | |
| **Kostenstelle/Auftrag** | |
| **Projektdauer** | |
| **Meilensteine** | |

| Problem- und Nutzenbeschreibung | |
|---|---|
| **Ist-Situation** | Ausgangssituation/Problembeschreibung<br>Welche Defizite werden diagnostiziert? |
| **Projektziele** | Konkrete Beschreibung des Zielzustands im Präsens<br>= im bereits erreichten Zustand<br>= Endzustand statt Vorgehensbeschreibung |
| **Nicht-Ziele** | Was ist nicht Gegenstand des Projekts?<br>„Out of scope list“ |
| **Erwarteter Nutzen** | Für wen?<br>Quantitativ?<br>Qualitativ?<br>Strategisch? |
| **Konsequenzen bei Nichtrealisierung** | Was passiert, wenn wir dieses Projekt nicht durchführen? |

4a Vorlage Projektauftrag *(Fortsetzung)*

| Kostenschätzung (einmalig) | | | | |
|---|---|---|---|---|
| **Personalkosten (in Personentagen und €)** | | **Sachaufwand** | | **Investitionen** |
| Projektteam | | Externe Beratungskosten | | Ausstattung Projektbüro<br>Anschaffung von Maschinen |
| PT | € | PT | € | € |
| **Anmerkungen** | | | | |

| Schnittstellen | |
|---|---|
| **Schnittstellen/Interdependenzen zu anderen Projekten/Maßnahmen** | |

| Risikobetrachtung | |
|---|---|
| **Risiken (zu diesem Zeitpunkt nur grob möglich)** | Qualitative/inhaltliche Risiken<br>Terminliche Risiken<br>Finanzielle/ressourcenbezogene Risiken<br>Soziale/kulturelle Risiken<br>Projektorganisationsbezogene Risiken |

4a Vorlage Projektauftrag *(Fortsetzung)*

| Vorschlag Projektleiter | |
|---|---|
| **Name** | **Abteilung** |
| | |

| Vorschlag Projektteam | | |
|---|---|---|
| **Name** | **Abteilung** | **Umfang (% der Arbeitszeit)** |
| | | |
| | | |
| | | |
| | | |
| | | |
| | | |

| Vorschlag Lenkungsausschuss | |
|---|---|
| **Name** | **Abteilung** |
| | |
| | |
| | |
| | |
| | |

| | |
|---|---|
| **Ort, Datum, Unterschrift Auftraggeber** | |
| **Ort, Datum, Unterschrift Projektleiter** | |

## 4b Beispiel Projektauftrag

| Grunddaten des Projekts | |
|---|---|
| **Projektname** | Einführung Projektmanagement-Standards |
| **Projektleiter** | Max Mustermann |
| **Auftraggeber** | Franz Maier |
| **Kostenstelle/Auftrag** | 201 |
| **Projektdauer** | 15.05.2014 – 23.04.2015 |
| **Meilensteine** | 20.05.2014 Kickoff mit allen Projektteam-Mitgliedern<br>07.06.2014 Abschluss Projektplanung<br>30.07.2014 Abschluss Ist-Analyse<br>06.08.2014 Lenkungsausschuss 1<br>...<br>23.04.2015 Projektabschluss |

| Problem- und Nutzenbeschreibung | |
|---|---|
| **Ist-Situation** | Effizienz und Erfolg der Projekte sind fragwürdig.<br>Fehlendes gemeinsames Verständnis für Projektmanagement im Konzern be- und verhindert professionelle Projektsteuerung (z. B. kein übergreifender Lead; fehlender Projektauftrag; unklare Projektziele; unterschiedliche Definition von „Projekt“).<br>Abläufe und Strukturen in Projekten sind nicht (einheitlich) definiert.<br>Projektleiter sind oft überfordert, da teilweise falsch besetzt und nicht ausreichend geschult.<br>Schnelles, aktionistisches Aufsetzen von Projekten und fehlende Nachhaltigkeit in der Durchführung und Zielerreichung.<br>Keine Lernprozesse aus und Erfahrungstransfers von den durchgeführten Projekten. |
| **Projektziele** | Projektmanagement ist konzipiert. Dies beinhaltet insbesondere die Definition des Begriffs „Projekt“ inklusive dazugehöriger Strukturen und Abläufe.<br>Diese Inhalte und Festlegungen sind mindestens den Vorständen, Führungskräften und Projektleitern bekannt. Die genannten Personen sind für die Anforderungen eines |

4b Beispiel Projektauftrag *(Fortsetzung)*

| | |
|---|---|
| | professionellen Projektmanagements sensibilisiert, damit sie das dafür erforderliche Umfeld schaffen.<br>Es sind Maßnahmen konzipiert, um Projektleiter in die Lage zu versetzen, Projekte erfolgreich und effizient zu steuern. |
| **Nicht-Ziele** | Es soll kein Messinstrumentarium geschaffen werden, um den Erfolg von Projekten zu bewerten. |
| **Erwarteter Nutzen** | Unternehmen spart Geld durch optimalen Ressourceneinsatz.<br>Projektergebnisse werden in der gewünschten Qualität erreicht.<br>Projekte werden in time und in budget umgesetzt. |
| **Konsequenzen bei Nichtrealisierung** | Ineffiziente Projekte (Ressourcen werden verschwendet, Ergebnisse nicht erreicht, Zeitpläne nicht eingehalten, Budgets gesprengt).<br>Selbst professionelle Projektleiter werden gebremst durch das Nichtwissen beteiligter Schnittstellen und Projektinstanzen.<br>Hohes Risiko weiterer Projektfehlschläge. |

| **Kostenschätzung (einmalig)** | | | | |
|---|---|---|---|---|
| **Personalkosten (in Personentagen und €)** | | **Sachaufwand** | | **Investitionen** |
| Projektteam (5 Personen)<br>Max 150 PT, 90.000 €<br>Anna 150 PT, 60.000 €<br>Berta 100 PT, 40.000 €<br>Christian 150 PT, 60.000 €<br>Dora 50 PT, 5.000 € | | Externe Beratungskosten 16.000 €<br>Druck Projektmanagement-Handbuch 5.000 € | | Keine |
| 600 PT | 255.000 € | 20 PT | 21.000 € | 0 € |
| **Anmerkungen** | | | | |

| **Schnittstellen** | |
|---|---|
| **Schnittstellen/Interdependenzen zu anderen Projekten/Maßnahmen** | Betrachtung bereits vorhandener Festlegungen zum Projektmanagement.<br>Laufende Großprojekte, die noch nicht nach definierten Standards durchgeführt werden. |

4b Beispiel Projektauftrag *(Fortsetzung)*

| Risikobetrachtung | |
|---|---|
| **Risiken (zu diesem Zeitpunkt nur grob möglich)** | Benötigte Projektressourcen stehen nicht zur Verfügung.<br>Entwicklungen im Unternehmen.<br>Widerstand gegen Standards/Vereinheitlichung.<br>Fehlende Nachhaltigkeit in der Anwendung. |

| Vorschlag Projektleiter | |
|---|---|
| **Name** | **Abteilung** |
| Max Mustermann | Projektmanagement |

| Vorschlag Projektteam | | |
|---|---|---|
| **Name** | **Abteilung** | **Umfang (% der Arbeitszeit)** |
| Anna Schmidt | Personalmanagement | 75 % |
| Berta Maier | Legal Affairs | 50 % |
| Christian Müller | Personalmanagement | 75 % |
| Dora Berger | Projektmanagement | 25 % |

| Vorschlag Lenkungsausschuss | |
|---|---|
| **Name** | **Abteilung** |
| Adam Müller | Vorstand |
| Franz Maier | Geschäftsführung |
| Christoph Schuster | Bereichsleitung |

| | |
|---|---|
| **Ort, Datum, Unterschrift Auftraggeber** | |
| **Ort, Datum, Unterschrift Projektleiter** | |

## 4c Beispiel Zieldefinition

| Zielformulierung | |
|---|---|
| **Ziel** | 1. Es liegt ein sendefertiger Werbefilm vor.<br>2. Der Film visualisiert den Slogan „<Firma> vernetzt die ganze Welt“.<br>3. Der Film transportiert ein positives Image für <Firma>.<br>4. Es existiert ein sendefähiges Expeditionsvideo.<br>5. Das Video wird von <Abnehmern> gegen Entgelt vertrieben/gesendet.<br>6. Die Einnahme deckt 60 % der Expeditionskosten.<br>7. Alle Reiseteilnehmer sind sicher zurückgekehrt.<br>8. Der Film kann weltweit verwendet werden. |
| **Qualitätsziele/Skala (Erfolgskriterien)** | ad 2. 80 % von <Zielgruppe> kennen nach Ansicht des Films den Slogan.<br>ad 3. 95 % von <Zielgruppe> konstatieren positive Imageaussage des Films für <Firma>.<br>Die Kriterien für 2+3 werden von jeder Geo (Americas, EMEA, APAC) erreicht.<br>Messverfahren: Eine Testgruppe von Vertretern von <Zielgruppe> wird nach Preview befragt. |
| **Erwartete Ergebnisse** | ▪ Vermittlung der Visionen von <Firma> an <Zielgruppe><br>▪ Verbesserung des Images von <Firma> in <Zielgruppe> |
| **Erwarteter Nutzen** | ▪ Erhöhte Verkäufe an <Zielgruppe> |
| **Zielgruppe** | ▪ Entscheider und IT-Leiter in mittleren bis großen Unternehmen |

## 4d Ablauf der Projektvorbereitung

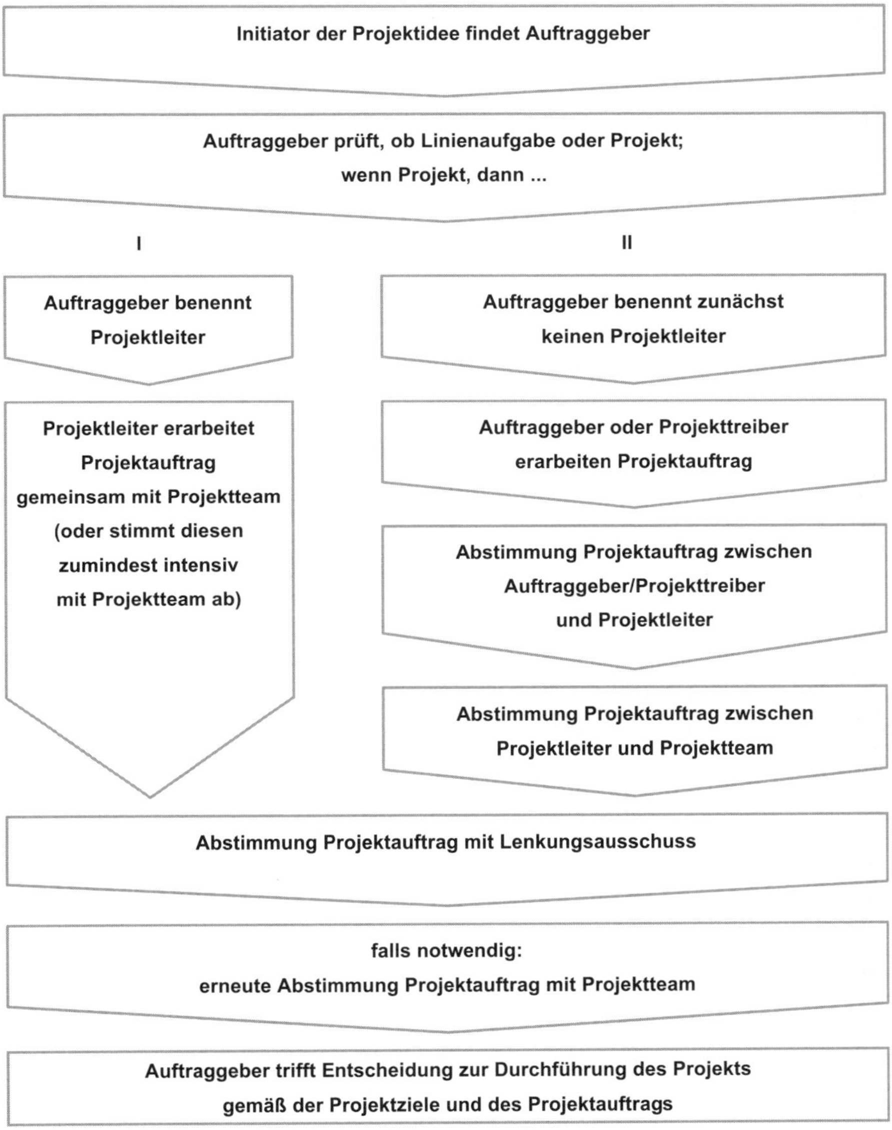

# 5a Beispiel Regieplan Kickoff

| Start | Min. | Thema, Ziele, Inhalte | Form | Mittel | Details | Wer? |
|---|---|---|---|---|---|---|
| | | **Einstieg** | | | Begrüßung<br>Kurzvorstellung des Projektleiters<br>Ziele des Kickoffs<br>Zeitplan für den Kickoff | |
| | | **Vorstellungsrunde/Warm-up** | | | Mögliche Fragestellungen<br>▪ Meine Funktion im Unternehmen ...<br>▪ Was meine Kollegen an mir schätzen ...<br>▪ Mein Projektmanagement-Hintergrund ...<br>▪ Warum ich Teil dieses Projektteams bin ...<br>▪ Meine Erwartungen an den Kickoff (auf Karten) | |
| | | **Spielregeln für den Kickoff** | | Flip | Zum Beispiel bezüglich:<br>▪ Umgang mit Handy, Tablet und Laptop während des Meetings<br>▪ Alle Fragen und Hinweise sind wichtig<br>▪ Hinhören und ausreden lassen<br>▪ Dokumentation (Protokoll, Jobliste) | |
| | | **Hintergründe**<br>Entstehungsgeschichte des Projekts | | verbal | Kurz, prägnant und auf das Wesentliche beschränkt (Intro) | |
| | | **PAUSE** | | | | |
| | Braucht viel Zeit | **Projektauftrag**<br>**Check und Ergänzung**<br>Ziel:<br>einheitliches Bild von Projektziel und Rahmenbedingungen | | Beamer | Eventuell inklusive weiterer Punkte wie:<br>▪ Besetzung Projektteam und Lenkungsausschuss?<br>▪ Welche Experten sollte man hinzuziehen?<br>▪ Wer könnte rein kapazitätsmäßig unterstützen (Praktikanten usw.)?<br>▪ Projektteam: Warum jeder Einzelne dabei ist ...<br>▪ Kraftfeldanalyse: Wer könnte Bremser/Blockierer oder Förderer sein? Und wie damit umgehen?<br>▪ Gibt es einen Projektmentor?<br>▪ Gibt es ein nachhaltiges Interesse vom Auftraggeber?<br>▪ Wer ist der letztendliche Entscheider? Lenkungsausschuss? Auftraggeber? | |
| | | **Erfolgskriterien** für dieses Projekt | | | ▪ Was wird uns/das Projekt erfolgreich machen? Schlüsselfaktoren?<br>▪ Woran erkennen wir, dass das Projekt ein Erfolg war?<br>▪ Was sind Stolpersteine/Tellerminen?<br>▪ Was darf nicht passieren? | |
| | | **PAUSE** | | | | |

**PV** = Plenumsvortrag, **PD** = Plenumsdiskussion, **GA** = Gruppenarbeit

## 5a Beispiel Regieplan Kickoff *(Fortsetzung)*

| Start | Min. | Thema, Ziele, Inhalte | Form | Mittel | Details | Wer? |
|---|---|---|---|---|---|---|
| | | **Projektplanung** (grob) | | | Anzahl und Dauer der Projektteamsitzungen<br>Phasen, Meilensteine, Lenkungsausschusssitzungen | |
| | | **Spielregeln** für die Arbeit im Projektteam | | | Wie wollen wir miteinander umgehen?<br>Information/Kommunikation/Abwesenheit/Meetingkultur | |
| | | **Rollen** der Einzelnen im Projekt | | | Ziele jedes Einzelnen im Projekt für sich ganz persönlich?<br>Welchen Beitrag liefern die einzelnen Teammitglieder gerne?<br>Was machen sie gar nicht gerne?<br>Welche Rolle(n) würden dem Einzelnen am besten liegen? | |
| | | **Abschluss** | | | Welche Jobs sind bis zum nächsten Mal zu erledigen?<br>Ausblick auf das weitere Vorgehen/die weiteren Termine<br><br>Zufriedenheit mit dem Kickoff? | |
| | | **ENDE** | | | | |
| | | Im Anschluss erfolgt die gemeinsame Projektplanung – entweder am gleichen Tag oder im Rahmen der nächsten Projektteamsitzung | | | | |
| | | | | | | |
| | | | | | | |
| | | | | | | |

**PV** = Plenumsvortrag, **PD** = Plenumsdiskussion, **GA** = Gruppenarbeit

## 5b Vorlage Regieplan

| Start | Min. | Thema, Ziele, Inhalte | Form | Mittel | Details | Wer? |
|---|---|---|---|---|---|---|
| | | | | | | |
| | | PAUSE | | | | |
| | | | | | | |
| | | MITTAG | | | | |
| | | | | | | |
| | | PAUSE | | | | |
| | | | | | | |
| | | ENDE | | | | |

**PV** = Plenumsvortrag, **PD** = Plenumsdiskussion, **GA** = Gruppenarbeit

## 5c Checkliste Kickoff

Folgende Checkliste unterstützt Sie bei der Vorbereitung und Moderation des Kickoffs. Wählen Sie die Themen bzw. Bausteine aus, die Sie in Ihrem Kickoff ansprechen oder diskutieren wollen.

**Vorstellungsrunde oder Warm-up**

- Meine Funktion ...
- Mein Projektmanagement-Hintergrund ...
- Warum ich Teil dieses Projektteams bin ...
- Meine Erwartungen an das Projekt und das Projektziel ...
- Meine Erwartungen an das Kickoff ...

**Hintergrundinformationen und Zusammenhänge offenlegen**

- Geben Sie im Kickoff lieber mehr Informationen als zu wenige Informationen – Sie als Projektleiter müssen dafür sorgen, dass alle Projektmitarbeiter das Projektziel plastisch vor Augen haben.

**Projektziele**

- Was soll mit dem Projekt operativ, konkret und messbar bis wann erreicht werden?
- Welche Not und welche Hoffnung treiben den Auftrag?
- Was soll am Projektende fertiggestellt sein?
- Welche Unternehmensziele werden inwieweit durch das Projekt gefördert oder stehen im Gegensatz zu den Projektzielen?
- Was ist nicht Projektziel?
- Was soll das Team exakt erreichen?

**Erfolgskriterien**

- Anhand welcher Kriterien wird der Erfolg des Projekts festgestellt?
- Welches sind die Schlüsselfaktoren für den Erfolg?
- Welche funktionalen und qualitativen Anforderungen sind zu erfüllen?

## 5c Checkliste Kickoff *(Fortsetzung)*

**Rahmenbedingungen klären**

- Definieren Sie die für Ihr Projekt geeignete Organisation (siehe Kapitel 3 „Projektorganisation").
- Aufgaben, Budgets, Zeiten, Ressourcen, Stellvertreter
- Welche Kompetenzen werden benötigt?
- Welche Restriktionen gelten für das Projekt?
- Welche allgemeinen Verfahren, Standards etc. müssen eingehalten werden?
- Mit wem muss kooperiert werden? Wer kann beraten?
- Wer ist Auftraggeber des Projekts?
- Kraftfeldanalyse/Stakeholder
  (Wer stützt das Vorhaben? Wem missfällt es?)
- Identifikation möglicher Widerstände, Ängste oder Vorurteile gegen das Projekt

**Spielregeln**

- Wie wollen wir miteinander umgehen?
- Wann gibt wer welche Informationen heraus?
- Welche Sanktionen wollen wir bei Vereinbarungsverstößen anwenden?
- Wie wollen wir mit auftretenden Problemen umgehen?

**Rolle der Projektteammitglieder klären**

- Welche persönlichen Ziele hat jedes einzelne Teammitglied?
- Welchen Beitrag will/kann jeder bringen? Was macht er gerne? Was mag er gar nicht?
- Welche Rolle möchte der Einzelne übernehmen (Präsentator, Moderator, Protokollführer ...)?
- Welche Kenntnisse und Fähigkeiten kann jeder einbringen?
- Welche administrativen Aufgaben können aufgeteilt werden?

**Grobplanung des Projekts**

- Meetings des Projektteams
- Strukturplan
- Phasen
- Meilensteine

## 5d Beispiele für Spielregeln

| Umgang im Projektteam |
|---|
| ▪ Hierarchien aus der Linienorganisation sind nicht von Bedeutung<br>▪ Zusammenhalten<br>▪ Vereinbarungen treffen und halten, z. B. bezüglich Informationsweitergabe<br>▪ Störungen und Unbehagen direkt und zeitnah ansprechen<br>▪ Jede Frage ist hilfreich! Es gibt keine dummen Fragen!<br>▪ Arbeit auf alle Schultern verteilen<br>▪ Offenes Feedback an den Projektleiter<br>▪ Vertreterregelung festlegen |

| Meetings |
|---|
| ▪ Pünktlichkeit<br>▪ Vorbereitet erscheinen<br>▪ Wer zu spät kommt, informiert das Team rechtzeitig!<br>▪ Störungsfreie Meetings (vor allem keine Handys, Tablets, Laptops)<br>▪ Hinhören und ausreden lassen<br>▪ Meinungen anderer akzeptieren<br>▪ Zeitmanagement liegt in der Verantwortung aller<br>▪ Beim Thema bleiben<br>▪ Diskussionen bleiben im Raum<br>▪ Moderation der Meetings ist definiert |

| Entscheidungsfindung |
|---|
| ▪ Entscheidungsregeln vereinbaren (Mehrheitsentscheidungen; ggf. Vetorecht eines Fachmanns; Projektleiter entscheidet; Einstimmigkeit)<br>▪ Entscheidungen werden von allen nach außen vertreten |

| Aufgabenverteilung |
|---|
| ▪ Vereinbaren statt anweisen<br>▪ Orientiert an Fähigkeiten, Neigungen und Kapazitäten |

5d Beispiele für Spielregeln *(Fortsetzung)*

| **Information** |
|---|
| ■ Informationspflichten vereinbaren (Bringschuld, Holschuld)<br>■ Einheitlicher Informationsstand – zeitnah und vollständig<br>■ Informanten für Projektteammitglieder, die an Sitzungen nicht teilnehmen konnten<br>■ Bedarfsorientierter Verteiler<br>■ Informationsaustausch im Projektteam – konzentriert und regelmäßig |

| **Dokumentation** |
|---|
| ■ Modus der Benennung von Dokumenten (Versionen usw.)<br>■ Zentral nach festgelegtem Verteiler<br>■ Ergebnisorientiert, nicht verlaufsorientiert<br>■ Für alle zugänglich<br>■ Dokumente werden zeitnah aktualisiert bzw. zur Verfügung gestellt |

| **Umgang mit Regelverstößen** |
|---|
| ■ Konstruktive Kritik, kein Tadel<br>■ Regeln einklagen, sobald sie gebrochen werden |

## 5e Besprechungsleitfaden für zielwirksame Meetings

| Vorbereitung |
|---|
| Bereiten Sie die Besprechung inhaltlich vor, legen Sie das Ziel fest. |
| Stellen Sie die Tagesordnung auf. |
| Legen Sie Teilnehmer und Rollenverteilung fest.<br>▪ Besprechungsteilnehmer und -leiter, Referenten, Protokollführer<br>▪ Anzahl so groß wie nötig, so gering wie möglich<br>▪ Wissensträger und Betroffene auch dann einladen, wenn sie rangniedriger sind |
| Stellen Sie den Zeitplan auf.<br>▪ Pausenzeiten und Zeitreserven vorsehen<br>▪ Möglichst für jeden Punkt eine zeitliche Begrenzung festlegen |
| Legen Sie den Zeitpunkt der Besprechung fest (ausreichende Vorlaufzeit!). |
| Legen Sie Ort und Räumlichkeiten fest.<br>▪ Größe, Ausstattung, Reservierung, Bestuhlung, Bewirtung |
| Beschaffen Sie technische und sonstige Hilfsmittel.<br>▪ Flipchart mit Papier und funktionsfähigen Filzstiften<br>▪ Pinnwand<br>▪ Beamer<br>▪ Tageslichtprojektor<br>▪ Videokamera und Zubehör<br>▪ Moderationskoffer |
| Führen Sie rechtzeitig vor Beginn des Termins eine Funktionsprüfung der Geräte durch. |
| Erstellen und versenden Sie die Einladung (Vorlaufzeit!).<br>▪ Thema, Ziel<br>▪ Tagesordnung, Zeitplan (Anfang und Ende)<br>▪ Ort<br>▪ Termin (auf Paralleltermine achten)<br>▪ Teilnehmerliste mit Moderator/Besprechungsleiter<br>▪ Rückantwort (mit Terminangabe)<br>▪ Informationsmaterial zum Thema<br>▪ Zusatzinformationen (An- und Abfahrt, Ablauf, Übernachtung)<br>▪ Vorzubereitendes Material |

5e Besprechungsleitfaden für zielwirksame Meetings *(Fortsetzung)*

| Durchführung |
|---|
| Eröffnung<br>▪ Fangen Sie pünktlich an!<br>▪ Vorstellung von Thema, Ziel und Ablauf (Tagesordnung, Zeitplan)<br>▪ Vorstellung von Methoden und "Spielregeln"<br>▪ Vorstellung der Personen und ihrer Rollen<br>▪ Protokollführung (Ergebnisprotokoll)<br>▪ Zeitplankontrolle<br>▪ Richten Sie sich nach der Tagesordnung!<br>▪ Halten Sie Unterbrechungen unter Kontrolle!<br>▪ Bei anhaltenden Meinungsverschiedenheiten besser vertagen als verlängern |
| Abschluss<br>▪ Zusammenfassung<br>▪ Weitere Vorgehensweise (z. B. nächste Besprechung)<br>▪ Hören Sie pünktlich auf! |

| Nachbereitung |
|---|
| ▪ Feedback, Manöverkritik<br>(Zeitpunkt bereits vor oder während der Veranstaltung planen) |
| ▪ Protokoll zügig anfertigen und versenden (Zeit dafür vorher einplanen) |
| ▪ Geräte und technische Hilfsmittel zurückgeben |

## 5f Vorlage Kontaktdaten

**Projektname**

| Name | Projektfunktion | Telefonnummer | E-Mail | Urlaub |
|---|---|---|---|---|
| Max Mustermann | Projektleiter | 069/123456 | max.mustermann@musterbusiness.de | 24.12. - 05.01. |
| | | | | |
| | | | | |
| | | | | |
| | | | | |
| | | | | |
| | | | | |
| | | | | |
| | | | | |

## 5g Vorlage Kraftfeldanalyse 1

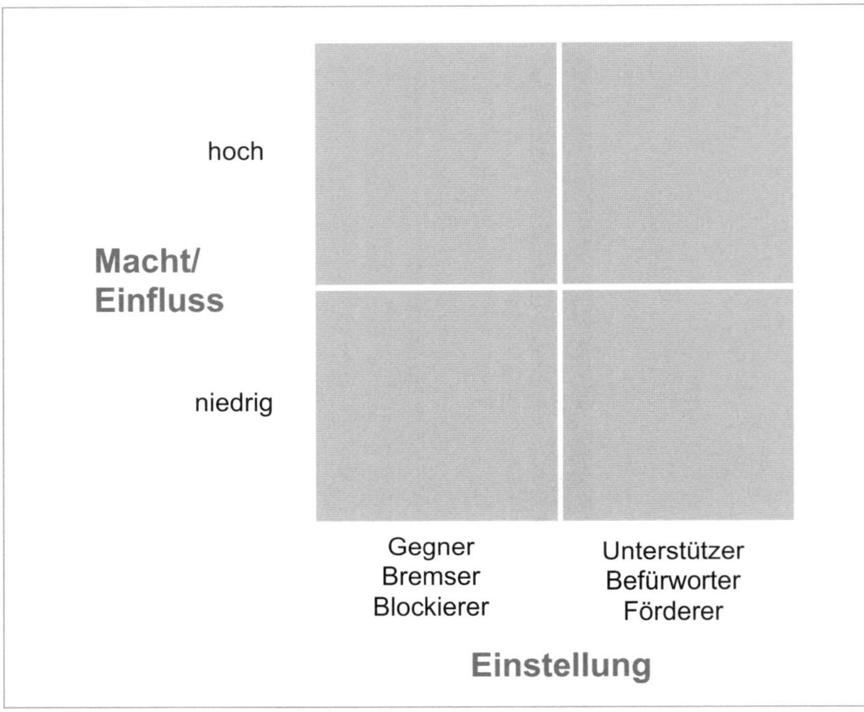


1 = Name
2 = Name
3 = Name
4 = Name
5 = Name
6 = Name
7 = Name
8 = Name
9 = Name
10 = Name

Anmerkung: Die Grafik und die Namensliste müssen getrennt voneinander aufbewahrt werden!

## 5h Vorlage Kraftfeldanalyse 2

**Projektname**

Begleitung der Schlüsselpersonen/-instanzen

| Nummer der Person | Grad des Einflusses im Unternehmen | Maßnahmen, um positive Einflüsse zu nutzen bzw. um negative Einflüsse zu vermeiden | Möglicher Einfluss auf das Projekt (positiv/negativ) | Begleiter aus Projektteam |
|---|---|---|---|---|
| | | | | |
| | | | | |
| | | | | |
| | | | | |
| | | | | |
| | | | | |
| | | | | |
| | | | | |
| | | | | |
| | | | | |
| | | | | |
| | | | | |
| | | | | |
| | | | | |
| | | | | |

## 7a Checkliste für Lenkungsausschusssitzungen

| Themen | ok |
|---|---|
| Welche Themen sollen behandelt werden? | |
| Welche Ziele sollen erreicht werden? | |
| Welche Probleme sind zu lösen? | |
| Welche Entscheidungen sind vorzubereiten? | |
| Was ist der konkrete Entscheidungsbedarf und wie genau frage ich ihn ab? | |
| Wie sind die Themen und Probleme zu formulieren? | |
| In welcher Zeit sind die einzelnen Themen zu behandeln? | |
| Müssen Themen in Teilthemen zerlegt werden? | |
| Wie sind diese Teilthemen zu formulieren? | |
| Wie können die Ziele „operational“ formuliert werden? | |
| Welches Ergebnis soll am Ende der Sitzung erreicht werden? | |
| Welche Beschlüsse müssen dazu gefasst werden? | |
| Wer nimmt teil und ist vorab über Themen und Ziele zu informieren? | |
| Welche Unterlagen müssen die Teilnehmer vorher haben? | |
| Was müssen die Teilnehmer bearbeiten und vorab an das Projektteam zurückspielen? | |
| Was kann die Zusammenarbeit der Gruppe stören? | |
| Welche Stufen der Hierarchie sind vertreten? | |
| Welche Punkte müssen vorab erörtert/geklärt werden? | |
| Wann müssen die Teilnehmer spätestens eingeladen werden? | |
| Ist sichergestellt, dass alle Teilnehmer kommen können? | |
| Welche Teilnehmer berichten in der Sitzung? | |
| Wer wird das Protokoll führen? | |
| Nehmen evtl. „Gäste“ an der Sitzung teil? | |
| Wer muss außer den Teilnehmern das Protokoll erhalten? | |

## 7b Vorschlag zur Gliederung der Agenda

| Agenda |
|---|
| ▪ Tagesordnung<br>▪ Zielsetzung<br>▪ Projektstatus<br>▪ Phasenplan<br>▪ Projektstrukturplan<br>▪ Abweichung Plan/Ist<br>▪ Ursachen<br>▪ Status offener Jobs<br>▪ Präsentation von Ergebnissen<br>▪ Entscheidungsvorlagen<br>▪ Entscheidungsbedarf<br>▪ Weiteres Vorgehen<br>▪ Offene Jobs<br>▪ Gegebenenfalls „sonstige Punkte“ |

## 7c Leitfaden zum Aufbau von Argumentationen

### 1. Ist-Situation

Probleme, Tatsachen, Aspekte

..................................................

..................................................

..................................................

### 2. Negative Folgen

Was passiert, wenn ...

..................................................

..................................................

..................................................

### 3. Zielrichtung

Wichtig wäre deshalb:

..................................................

..................................................

..................................................

### 4. Vorschlag

Meine Vorschläge im Einzelnen:

..................................................

..................................................

..................................................

### 5. Ihr Nutzen

Das bringen Ihnen meine Vorschläge:

..................................................

..................................................

..................................................

### 6. Handlungsaufforderung

Der erste Schritt heißt:

..................................................

..................................................

..................................................

## 7d Entscheidungen herbeiführen

### Vorbereitung

- Sorgen Sie dafür, dass die Entscheider schon im Vorfeld wichtige Informationen erhalten. Diese müssen nicht in der endgültigen Form vorliegen. Die Präsentation zur Entscheidung hat ja das Ziel, die Sache noch einmal auf den Punkt zu bringen. Optimal ist, wenn ein Foliensatz im Vorfeld zur Vorbereitung verteilt und dann bei der Lenkungsausschusssitzung kompetent erläutert wird.
- ABER: Bringen Sie vertrauliche Informationen nicht in eine Vorab-Unterlage ein.

### Entscheidungsfindung

- Lassen Sie Bewertungen durchführen
  - zu jeder Alternative und
  - durch jeden Entscheider.
- Reichen Sie den Zuhörern ein Handout (z. B. nach einem Folienvortrag die Entscheidungsfolien).

### Aufbereitung von Entscheidungsvorlagen

- Entscheidungsvorlagen sind lediglich Angebote.
- Die Folie/Seite darf nicht „fertig" sein, sondern sollte Freiraum für die Entscheidung lassen.
- Das Entscheidungsangebot sollte sich optisch vom Informations- und Bewertungsteil unterscheiden.
- Vermeiden Sie die Farbe Rot dort, wo es um Entscheidungen geht.
- Sorgen Sie für möglichst wenig Text auf der Entscheidungsvorlage.
- Formulieren Sie den Entscheidungsbedarf als Aufforderungen und zeigen Sie deutlich, dass eine Entscheidung getroffen werden muss.
  Entscheidungssignale können sein:
  - die deutliche Überschrift mit dem Wort „Entscheidung",
  - ein leerer Kasten an jeder Alternative, so dass angekreuzt werden kann.

### Ablauf der Entscheidung

- Geben Sie den Personen vor der Entscheidung Zeit und Platz für Überlegungen, Notizen etc. Sie erreichen dadurch, dass sich die Personen mit der Entscheidungsfindung beschäftigen.
- Wenn viele Personen mitbewerten, ist es übersichtlicher, die Bewertung mithilfe einer Matrix auf dem Flip-Chart durchzuführen und danach das Ergebnis auf die Entscheidungsvorlage zu übertragen.
- Arbeiten Sie mit Karten, wenn die Entscheidungsfindung besonders schwer ist. Jeder Entscheider erhält drei Karten (Ja, Nein, Unentschieden).

## 7e Professionelle Präsentation

Eine professionelle Präsentation bereiten Sie in folgenden Schritten vor:

| Vorbereitung von Präsentationen |
|---|
| **Präzisieren Sie den Anlass der Präsentation.**<br>▪ Wer hat warum die Präsentation angeregt?<br>▪ Welche Bedeutung hat die Präsentation für den Zuhörerkreis?<br>▪ Welche Bedeutung hat die Präsentation aus Sicht des eigenen Unternehmens?<br>▪ Welche Rahmenbedingungen habe ich zu beachten (Raum, Zeit, Einlader, Vorgaben für Inhalt und Ablauf, Vorredner/Moderator)? |
| **Definieren Sie die Ziele Ihrer Präsentation.**<br>▪ Welche sachlichen Ziele will ich erreichen (minimal, maximal)?<br>Beispiele: Aufmerksamkeit wecken, informieren, überzeugen, Meinungstrend erfahren.<br>▪ Welche persönlichen Ziele (Metaziele) will ich erreichen?<br>Beispiele: Vertrauen aufbauen, teamfähig wirken, innovativ erscheinen. |
| **Analysieren Sie den Zuhörerkreis.**<br>▪ Wie setzt sich der Zuhörerkreis zusammen (Personenzahl, Namen, Hierarchie, Ressort, Altersstruktur ...)?<br>▪ Welche Erwartungen, Bedürfnisse und Wünsche haben meine Zuhörer?<br>▪ Was sind wahrscheinliche Entscheidungskriterien der Zuhörer?<br>▪ An welche Vorkenntnisse und Bildungsvoraussetzungen kann ich anknüpfen?<br>▪ Welches Sprachniveau ist angemessen?<br>▪ Welche Präsentationsmedien setzen die Zuhörer vermutlich selbst ein?<br>→ Nutzen Sie alle Informationen, um die Aufmerksamkeit des Zuhörerkreises zu erhalten. |

## 7e Professionelle Präsentation *(Fortsetzung)*

**Erarbeiten Sie die Inhalte.**

- Wie lässt sich das Thema definieren und eingrenzen?
- Nutzen Sie ETHOS zur Spektrumanalyse.
  (Welche wirtschaftlichen, technischen, menschlichen,
  organisatorischen und ökologischen Facetten hat mein Thema?)
- Gewichten Sie die Inhalte nach Kerninformationen, Randinformationen und Hintergrundinformationen. Aus zwei Gründen müssen Sie reduzieren und Schwerpunkte bilden:
  - Die Präsentationszeit ist knapp.
  - Die Aufnahmefähigkeit der Zuhörer ist begrenzt.
    → Kernbotschaft transportieren!
- Welchen Zusatznutzen bieten wir, und was sind die besonderen Vorzüge unseres Konzepts/Angebots?
- Durch welche Referenzobjekte und Beispiele kann die Überzeugungswirkung verstärkt werden?
- Psychologische Prinzipien bei der Darstellung des Inhalts:
  - Überblick vor Detail,
  - Bekanntes vor Neuem,
  - Einfaches vor Komplexem,
  - Nutzen vor (anstrengenden) Details.

## 7e Professionelle Präsentation *(Fortsetzung)*

**Gliedern Sie Ihre Präsentation.**

- Kontaktaufnahme
  - Aufmerksamkeit der Zuhörer wecken
  - Themenformulierung
  - Zielvorstellung
  - Ablauforientierung
- Präsentation
  - Kernideen darstellen
  - Problemlösungen darstellen
  - Entscheidungskriterien verankern
- Appell
  - Lösungsvorschläge begründen und Nutzen verdeutlichen
  - Zur Handlung auffordern

**Erstellen Sie das Handout.**

Worauf Sie mindestens achten sollten:

- Inhaltliche Übereinstimmung mit der Präsentation,
- Verkleinerte Folien in die Vorlage integrieren,
- Konzentration auf Kerninformationen,
- Imageförderliche Gestaltung entsprechend der CI-Linie Ihres Hauses,
- Individuelle Gestaltung (Kunde muss spüren, dass die Unterlage für den speziellen Anlass entwickelt wurde),
- Austeilen des Handouts möglichst nach der Veranstaltung,
  Ausnahme: wenn die Zuhörer mitschreiben und wenn Sie während der Präsentation Bezug auf die Unterlage nehmen.

## 7f Professionelle Moderation

| Verhalten des Moderators |
| --- |
| ▪ Er stellt seine eigenen Ziele, Wertungen und Meinungen zurück. Er bewertet weder Meinungsäußerungen noch Verhaltensweisen. Es gibt für ihn inhaltlich kein „richtig“ oder „falsch“. Er konkurriert nicht mit den Teilnehmern um Sachfragen. |
| ▪ Er nimmt alle Teilnehmer ernst, zeigt allen gegenüber die gleiche Wertschätzung, bevorzugt oder benachteiligt niemanden. |
| ▪ Er achtet darauf, dass alle ihre Meinung, Ideen und Ansichten vertreten können. |
| ▪ Er sorgt dafür, dass auch die Ruhigen, Stillen und eher Schweigsamen Gelegenheit bekommen, am Arbeitsprozess aktiv teilzunehmen. |
| ▪ Er hat ständig das Ziel der Sitzung oder einzelner Phasen im Auge und signalisiert der Gruppe Abweichungen vom Weg zur Zielerreichung. |
| ▪ Er ermutigt die Gruppe, Regeln für einen fruchtbaren Umgang miteinander zu vereinbaren. |
| ▪ Er fasst alle Äußerungen der Gruppe als Signale auf, die ihm helfen, den Gruppenprozess zu verstehen. Er versucht, der Gruppe das eigene Verhalten bewusst zu machen, sodass die Mitglieder mit Störungen und Konflikten angemessen umgehen können. |
| ▪ Er nimmt eine fragende Haltung ein und keine behauptende. Durch Fragen aktiviert und öffnet er die Gruppe für den Gedankenaustausch untereinander. |
| ▪ Er hört mehr zu und spricht weniger selbst. Er versucht, den Austausch und die Diskussion zwischen den Gruppenteilnehmern zu unterstützen. |
| ▪ Er wiederholt den Teilnehmern das, was gerade an Äußerungen, Themen, Meinungen in der Gruppe existiert, immer dann, wenn er dadurch den Arbeitsprozess erleichtern, transparent machen oder vorantreiben kann. |
| ▪ Er visualisiert mit unterschiedlichen Medien, z. B. Flipchart, Beamer, Pinnwand. |

## 7g Umgang mit unterschiedlichen Charakteren

| Typ | Tipp |
|---|---|
| **Streiter** | ▪ sachlich und ruhig bleiben<br>▪ die Gruppe veranlassen, seine Behauptungen zu widerlegen |
| **Positiver** | ▪ Ergebnisse zusammenfassen lassen<br>▪ ihn bewusst in die Diskussion einschalten |
| **Alleswisser** | ▪ die Gruppe auffordern, zu seinen Behauptungen Stellung zu nehmen |
| **Redseliger** | ▪ taktvoll unterbrechen<br>▪ Redezeit festlegen |
| **Schüchterner** | ▪ leichte, direkte Fragen stellen<br>▪ sein Selbstbewusstsein stärken |
| **Ablehnender** | ▪ seine Kenntnisse und Erfahrungen anerkennen |
| **Uninteressierter** | ▪ nach seiner Arbeit fragen<br>▪ Beispiele aus seinem Interessengebiet geben |
| **"Das große Tier"** | ▪ keine direkte Kritik üben<br>▪ mit der "Ja, aber"-/"Ja, und"-Technik ergänzen |
| **Ausfrager** | ▪ seine Fragen an die Gruppe zurückgeben |

## 7h Vorlage Protokoll

| Meeting | |
|---|---|
| **Thema** | |
| **Datum** | 01.01.2014 |
| **Uhrzeit** | 09:00 – 10:00 Uhr |
| **Teilnehmer** | Leiter, Teilnehmer 1, Teilnehmer 2 … |
| **Ziele** | ▪ |

| Themen |
|---|
| **Aktuelle Informationen zum Projekt** |
| ▪<br>▪<br>▪ |
| **Beschlüsse** |
| ▪ |
| **...** |
| ▪<br>▪ |

## 8a Beispiel Kommunikationsmatrix

### Kommunikationsmatrix Projekt xy

| Zielgruppe | Verantwortl. | Inhalte | Kommunikationsform | Zyklus |
|---|---|---|---|---|
| Lenkungsausschuss | PL | Projektfortschritt; Entscheidungen bzgl. Qualität, Budget, Zeit; Risiken | Meeting | nach Bedarf *(derzeit monatlich)* |
| | | | E-Mail | nach Bedarf |
| Auftraggeber | PL | Besondere Entwicklungen bzgl. Qualität, Budget, Zeit; Eskalation | E-Mail/persönlich | nach Bedarf |
| Projektleitung/ Teilprojektleitung Firma x | PL | Projektfortschritt, ToDos, Risiken, Veränderungen bzgl. Qualität, Budget, Zeit … | Jour fixe | wöchentlich |
| Projektteam | PL | Projektfortschritt, ToDos, Risiken, Veränderungen bzgl. Qualität, Budget, Zeit … | Jour fixe | wöchentlich |
| Projektleitung Firma y | PL | Projektfortschritt | telefonisch | nach Bedarf |
| Sonstige Stakeholder | PL | Projektfortschritt, Abstimmung Schnittstellen … | Meeting/telefonisch/ E-Mail | nach Bedarf |
| Abteilungsleiter Marketing | PL | Projektfortschritt | persönlich | monatlich |

8a Beispiel Kommunikationsmatrix 1 *(Fortsetzung)*

## Berichtsplan Projekt xy

| Bericht | Ersteller | Empfänger | Form | Inhalt | Zyklus |
|---|---|---|---|---|---|
| Projektstatus | PL | AG, CIO | Formular | Status, Meilensteine, Risiken | tbd. (monatlich) |
| Protokolle PL-JF | PL Firma x | PL Gesamt, PL/TPL Firma x | XLS-Tabelle | ToDos, wichtige Beschlüsse | wöchentlich |
| Protokolle LA | PL | LA | Formlos | Beschlüsse des LA, ToDos | monatlich |

## 8b Vorlage Kommunikationsmatrix 1

**Kommunikationsmatrix**
**<Projektname>**

| Zielgruppe | Verantwortl. | Inhalte | Kommunikationsform | Zyklus |
|---|---|---|---|---|
| ... | ... | ... | ... | ... |
| | | | | |
| | | | | |
| | | | | |
| | | | | |
| | | | | |
| | | | | |

8b Vorlage Kommunikationsmatrix 1 *(Fortsetzung)*

**Berichtsplan**
**<Projektname>**

| Bericht | Ersteller | Empfänger | Form | Inhalt | Zyklus |
|---|---|---|---|---|---|
| … | … | … | … | … | … |
| | | | | | |
| | | | | | |
| | | | | | |
| | | | | | |

## 8c Vorlage Kommunikationsmatrix 2

| | persönliche Gespräche | Abteilungssitzungen | Workshop | Promotoren aktivieren | Roadshow | Mitarbeiterzeitung | Newsletter | Flyer | Intranet | Werbemittel | ... | ... |
|---|---|---|---|---|---|---|---|---|---|---|---|---|
| **Auftraggeber/ Kunde** | | | | | | | | | | | | |
| **Lenkungs-ausschuss** | | | | | | | | | | | | |
| **andere Projekte** | | | | | | | | | | | | |
| **Zulieferer** | | | | | | | | | | | | |
| **Personen aus Kraftfeldanalyse** | | | | | | | | | | | | |
| **Management** | | | | | | | | | | | | |
| **Führungskraft** | | | | | | | | | | | | |
| **betroffene Mitarbeiter** | | | | | | | | | | | | |
| **ggf. alle Mitarbeiter** | | | | | | | | | | | | |
| **Unternehmens-kommunikation** | | | | | | | | | | | | |
| **Betriebsrat** | | | | | | | | | | | | |
| **...** | | | | | | | | | | | | |

## 9a Vorlage Projektabschlussbericht

| Stammdaten | | | |
|---|---|---|---|
| **Projektname** | | | |
| **Auftraggeber** | | **Datum** | |

| Analyse der Sachergebnisse | | |
|---|---|---|
| **Projektziele Soll** | **Ergebnisse Ist** | **Gründe für Abweichung** |
| | | |
| | | |
| | | |
| | | |
| | | |

| Bewertung des Projektverlaufs |
|---|
| |

| Einflussfaktoren und Probleme |
|---|
| |

9a Vorlage Projektabschlussbericht *(Fortsetzung)*

| **Zusammenarbeit im Projektteam** |
|---|
| |

| **Empfehlungen** |
|---|
| |

| **Liste der Restaktivitäten** | | | |
|---|---|---|---|
| **Nr.** | **Restaktivität** | **Zieltermin** | **Verantwortlich** |
| | | | |
| | | | |
| | | | |
| | | | |
| | | | |
| | | | |
| | | | |
| | | | |
| | | | |

| | |
|---|---|
| **Ort, Datum**<br>**Unterschrift Auftraggeber** | |
| **Ort, Datum**<br>**Unterschrift Projektleiter** | |

## 9b Beispiel Projektabschlussbericht

| Stammdaten | | | |
|---|---|---|---|
| **Projektname** | Einführung Projektmanagement-Standards | | |
| **Auftraggeber** | Max Mustermann | **Datum** | 23.04.2014 |

| Analyse der Sachergebnisse | | |
|---|---|---|
| **Projektziele Soll** | **Ergebnisse Ist** | **Gründe für Abweichung** |
| Projektmanagement ist konzipiert. Dies beinhaltet insbesondere die Definition des Begriffs „Projekt" inklusive dazugehöriger Strukturen und Abläufe. | Erreicht: Projektmanagement-Handbuch inklusive Projektdefinition und Beschreibung aller erforderlichen Rollen, Vorgehensweisen und Tools liegen vor.<br>Veröffentlichung im Intranet 30.05.2014, als Druckversion 15.06.2014. | Keine |
| Diese Inhalte und Festlegungen sind mindestens den Vorständen, Führungskräften und Projektleitern bekannt. Die genannten Personen sind für die Anforderungen eines professionellen Projektmanagements sensibilisiert, damit sie das dafür erforderliche Umfeld schaffen. | Vorstellung im Vorstandsmeeting; Roadshows für Führungskräfte sowie Projektleiter; Konzeption ist fertig.<br>Durchführung im Juli und August 2014. | Hohe Fluktuation im Projektteam in den ersten Monaten, dadurch Zeitverluste.<br>Projektteam hat mehr Aufwand auf Erstellung des Projektmanagement-Handbuchs verwendet als geplant – Roadshows wurden bewusst hinter das Projektende gelegt.<br>Teile des Projektteams waren durch ungeplante andere Aufgaben gebunden. |
| Es sind Maßnahmen konzipiert, um Projektleiter in die Lage zu versetzen, Projekte erfolgreich und effizient zu steuern. | Erreicht: Projektmanagement-Trainings für Projektleiter und künftige Coaches sind konzipiert, Schulungstermine stehen bereits fest. | Keine |

## 9b Beispiel Projektabschlussbericht *(Fortsetzung)*

| Bewertung des Projektverlaufs |
|---|
| Projektleitung sehr gut.<br>Arbeit im konsolidierten Projektkernteam sehr motiviert, konzentriert und kollegial.<br>Hohe Fluktuation im Projektteam in den ersten Monaten konnte durch neue Mitglieder sehr gut aufgefangen werden.<br>Projektteam hat frühes und begleitendes Projektmarketing (unter Verweis auf Unternehmenskultur und dringendere Probleme) unterlassen, was am Ende zu Zeitproblemen geführt hat (unter anderem Abstimmung mit Betriebsrat, Abstimmung mit dem Vorstand).<br>Hoher Arbeitsaufwand für das Projektmanagement-Handbuch ging zu Lasten der anderen Ziele. |

| Einflussfaktoren und Probleme |
|---|
| Hohe Fluktuation im Projektteam in den ersten Monaten, bedingt durch:<br>■ Personalwechsel<br>■ andere große Projekte mit höherer Priorisierung<br>Vorstandswechsel<br>Mehrfachbelastung aller Teammitglieder durch andere Projekte und Tagesgeschäft |

| Zusammenarbeit im Projektteam |
|---|
| Hervorragend.<br>Gute Verteilung der Rollen und Aufgaben gemäß Neigung.<br>Hohe Verlässlichkeit bei Aufgabenerledigung und Workshop-Teilnahme.<br>Bei Engpässen: flexibles Einspringen zur gegenseitigen Unterstützung.<br>Hohe gegenseitige Wertschätzung, vertrauensvolle Zusammenarbeit, offener Austausch und hohes Maß an Kritikfähigkeit. |

| Empfehlungen |
|---|
| Regelmäßiges Überdenken und ggf. Anpassung der Projektplanung und der Projektziele – Abstimmung mit Auftraggeber/Lenkungsausschuss nicht vergessen!<br>Projektmarketing durchführen, auch wenn zum jeweiligen Zeitpunkt viel dagegen spricht: Just do it!<br>Frühzeitige Einbindung/Information von Betriebsräten, Führungskräften und Vorständen.<br>Jobliste und Decision Diary in einem Dokument ständig und akribisch pflegen!<br>Spielregeln ernst nehmen und bei Bedarf anpassen.<br>Projektteam immer wieder aktiv nach Meinung zum Projektstand und -verlauf fragen.<br>Motivation und Spaß im Team sowie Vorbild des Projektleiters fördern Identifikation und Einsatzbereitschaft. |

9b Beispiel Projektabschlussbericht *(Fortsetzung)*

| Liste der Restaktivitäten | | | |
|---|---|---|---|
| **Nr.** | **Restaktivität** | **Zieltermin** | **Verantwortlich** |
| 1 | Coaches identifizieren und akquirieren | 24.05.2014 | Max |
| 2 | Veröffentlichung des Projektmanagement-Handbuchs im Intranet | 30.05.2014 | Maria |
| 3 | Projektmanagement-Handbuch: Druck und Verteilung | 15.06.2014 | Max |
| 4 | Vorstellung des Projektmanagement-Handbuchs im Vorstandsmeeting | 20.06.2014 | Maria, Max |
| 5 | Terminierung und Durchführung von Roadshows für Projektleiter | 31.07.2014 | Max, Maria |

| | |
|---|---|
| **Ort, Datum**<br>**Unterschrift Auftraggeber** | |
| **Ort, Datum**<br>**Unterschrift Projektleiter** | |

## 11a Phasenplan für unterschiedliche Projektarten

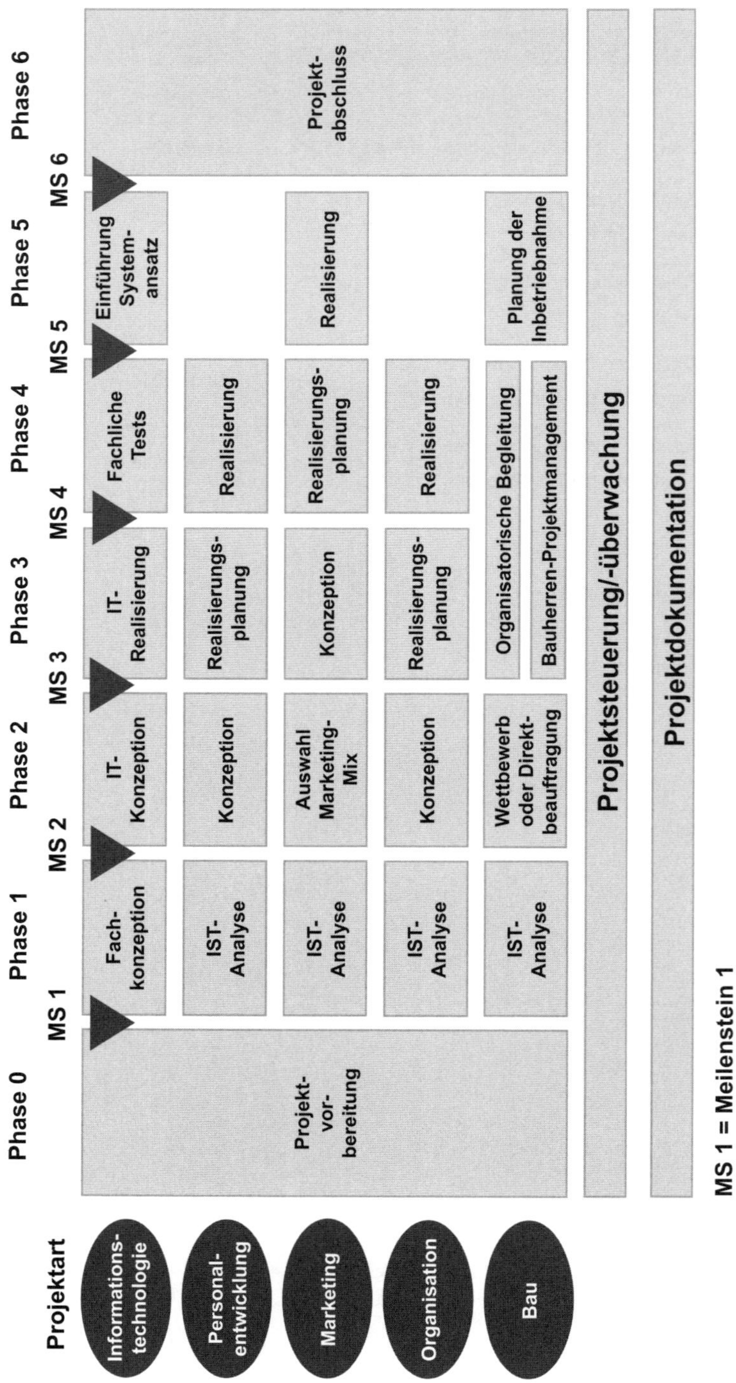

## 11b Vollständigkeit des Projektstrukturplans

So gewährleisten Sie die Vollständigkeit des Projektstrukturplans:

| Tipps zur Vollständigkeit des Projektstrukturplans |
|---|
| ▪ Gleichen Sie die obere Ebene mit den Zielen des Projekts ab. Sind alle Hauptaspekte abgebildet?<br>▪ Nehmen Sie sich Zeit, jedes Teilprojekt detailliert zu diskutieren und erzeugen Sie gegebenenfalls eine eigene Mindmap dazu.<br>▪ Wird jedes Teilprojekt durch seine Arbeitspakete vollständig abgedeckt (im Sinne der Projektziele)?<br>▪ Gehören alle Arbeitspakete tatsächlich zu den jeweiligen Teilprojekten?<br>▪ Sind wirklich alle Arbeitspakete sinnvoll?<br>▪ Haben Sie an „ungewöhnliche Aufgaben“ gedacht, wie Genehmigungen, rechtliche Prüfungen, Patente, Lizenzen und Ähnliches? Für diesen Schritt ist es sehr hilfreich, Zugriff auf Erfahrungsberichte anderer Projekte zu haben.<br>▪ Haben Sie die administrativen Aufgaben im Projektstrukturplan erfasst?<br>    ▪ Vorbereitung Lenkungsausschusssitzungen<br>    ▪ Projektmarketing<br>    ▪ ... |

## 11c Definition Arbeitspaket

Arbeitspakete sind Teilaufgaben auf der untersten Ebene des Projektstrukturplans, die

- nicht mehr unterteilt werden können/sollen,
- sachlich zusammengehören und
- von Fachabteilungen oder Projektteams eigenständig bearbeitet werden können.

**Beispiel für die inhaltliche Beschreibung von Arbeitspaketen**

| Arbeitspaket (AP) | Arbeitspaket-Verantwortliche(r) |
|---|---|
| | |
| | |

**Ziele und Erfolgskriterien**

- Was soll konkret erreicht werden?
- Woran wird der Erfolg gemessen?
- In welcher Form wird das Ergebnis präsentiert?

**Inhalt und Umfang**

- Welchen Umfang hat das Arbeitspaket (Dauer und Kapazitäten)?
- Wie ist das Arbeitspaket abgegrenzt?
- Wie soll vorgegangen werden?

**Voraussetzungen/Kooperationen**

- Welche Startvoraussetzungen müssen für den Arbeitsbeginn erfüllt sein?
- Welche Abwicklungsvoraussetzungen müssen für die Durchführung gegeben sein?
- Mit wem wird intern/extern kooperiert?
- Wo sind Schnittstellen zu anderen Aufgaben/Verantwortungsbereichen?
- Wer muss wen worüber informieren?

## 11d Beispiel Arbeitspaket

| | | | | |
|---|---|---|---|---|
| **Projekt** | Vertrieb I | **Teilprojekt** | ./. | |
| **AP-Name** | Erarbeitung der Maßnahmen für den Vertrieb | | **AP-Nr.** | 7 |
| **Verant-wortlich** | Projektteam | **Unterstützung** | | |
| **Ziel/Ergebnisbeschreibung** | | | | |
| Wir haben die 12 Vertriebsstrategien, eine IT-Strategie und eine Strategie zur Aufbauorganisation in Maßnahmen aufgegliedert, den Ressourcen- und Zeitbedarf ermittelt und mit involvierten Organisationseinheiten abgestimmt und verabschiedet. | | | | |

| Aktivität Nr. | Inhalt (Kurzbeschreibung) | Wer? | Fertig bis (Soll) | Fertig bis (Ist) |
|---|---|---|---|---|
| 7.1 | Einstieg und Feinplanung des Arbeitspakets | | 26.07. | |
| 7.2 | Maßnahmenerarbeitung | | | |
| 7.3 | Vorbereitung für den externen Berater E-Commerce | | | |
| 7.4 | Modelle für Aufbauorganisation erstellen | | | |
| 7.5 | Einbeziehung von betroffenen Stellen; Abweichungen in Dokument einarbeiten | | | |
| 7.6 | Abstimmung der Maßnahmen und Modelle in PT-Sitzungen | | | |
| 7.7 | Vorbereitung der Abstimmung im Sonder-LA am 08.09. | | | |
| 7.8 | Dokumentation | | | |

11d Beispiel Arbeitspaket *(Fortsetzung)*

| | | | | |
|---|---|---|---|---|
| 7.9 | Projektmarketing (Akzeptanz) | | | |
| 7.10 | Beleuchtung/Check E-Commerce | | | |
| 7.11 | Vorbereitung der Lenkungsausschusssitzung | | | |
| 7.12 | Lenkungsausschusssitzung | | 28.09. | |
| 7.13 | Abschlussbericht | | 29.09. | |
| | | | | |
| | | | | |
| | | | | |
| | | | | |

| **Notwendige Voraussetzungen** | | **Schnittstellen** | |
|---|---|---|---|
| | | | |
| **Datum** | | **Unterschrift PL** | |

## 11e Vorlage Arbeitspaket

| | | | |
|---|---|---|---|
| Projekt | | Teilprojekt | |
| AP-Name | | AP-Nr. | |
| Verant-wortlich | | Unterstützung | |
| Ziel/Ergebnisbeschreibung | | | |
| | | | |

| Aktivität Nr. | Inhalt (Kurzbeschreibung) | Wer? | Fertig bis (Soll) | Fertig bis (Ist) |
|---|---|---|---|---|
| | | | | |
| | | | | |
| | | | | |
| | | | | |
| | | | | |
| | | | | |
| | | | | |
| | | | | |

11e Vorlage Arbeitspaket *(Fortsetzung)*

| | | | | |
|---|---|---|---|---|
| | | | | |
| | | | | |
| | | | | |
| | | | | |
| | | | | |
| | | | | |
| | | | | |
| | | | | |

| **Notwendige Voraussetzungen** | | **Schnittstellen** | |
|---|---|---|---|
| | | | |
| **Datum** | | **Unterschrift PL** | |

# 11f Vorlage Terminplan

## Terminplan JJJJ

<Projektnr.> <Projektname>

Aktuelles Datum: 02.07.14

**Urlaub/Abwesenheiten Projektteam:**

| | |
|---|---|
| [Name] | |
| [Name] | |
| [Name] | |
| [Name] | |
| [Name] | |
| [Name] | |
| [Name] | |
| [Name] | |
| [Name] | |

| Teilprojekte | Meilensteine und Aufgaben | Fälligkeits-datum | Verantwortlich | Status |
|---|---|---|---|---|
| [Arbeitspaket 1] | **Meilenstein 1** | **18.07.14** | **[Name]** | **18.07.14** |
| | - Aktivität 1 | 10.08.14 | [Name] | in Arbeit |
| | - Aktivität 2 | 10.08.14 | [Name] | erledigt |
| | - Aktivität 3 | 15.06.14 | [Name] | überfällig |
| | **Meilenstein 2** | **10.08.14** | **[Name]** | |
| | - Aktivität 1 | 28.09.14 | [Name] | |
| | - Aktivität 2 | 16.08.14 | [Name] | |
| | - Aktivität 3 | --- | [Name] | |
| [Arbeitspaket 2] | **Meilenstein 1** | **---** | **[Name]** | |
| | - Aktivität 1 | 14.09.14 | [Name] | |
| | - Aktivität 2 | 02.08.14 | [Name] | |
| | - Aktivität 3 | 14.09.14 | [Name] | |
| | - Aktivität 4 | 14.09.14 | [Name] | |
| | **Meilenstein 2** | **31.10.14** | **[Name]** | |
| | - Aktivität 1 | --- | [Name] | |
| [Arbeitspaket 3] | **Meilenstein 1** | **23.07.14** | **[Name]** | |
| | - Aktivität 1 | 01.08.14 | [Name] | |
| | - Aktivität 2 | 01.08.14 | [Name] | |
| | **Meilenstein 2** | **03.08.14** | **[Name]** | |
| | - Aktivität 1 | 31.12.14 | [Name] | |
| [Arbeitspaket 4] | **Meilenstein 1** | **26.07.14** | **[Name]** | |
| | - Aktivität 1 | 29.10.14 | [Name] | |
| | - Aktivität 2 | 14.09.14 | [Name] | |
| | - Aktivität 3 | 14.09.14 | [Name] | |
| | **Meilenstein 1** | **04.12.14** | **[Name]** | |
| | - Aktivität 1 | 04.12.14 | [Name] | |
| | - Aktivität 2 | 31.08.14 | [Name] | |

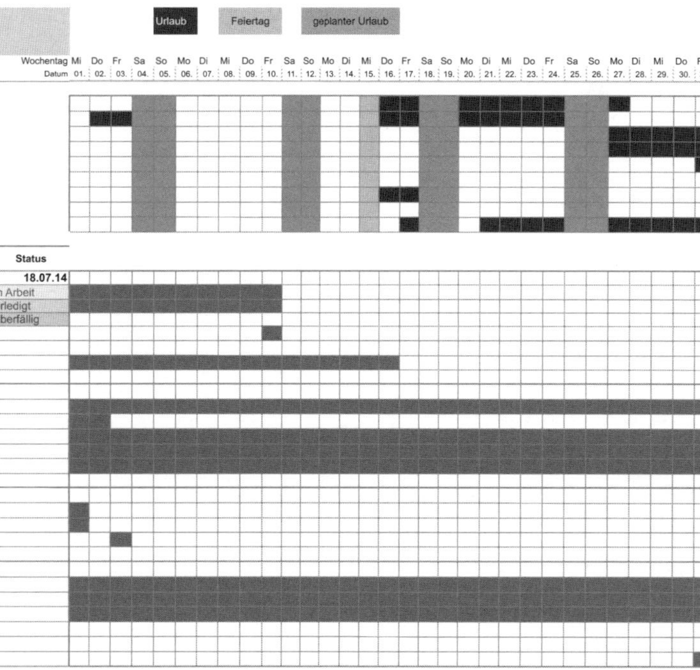

# 11g Beispiel Terminplanung 1

## Projektname

### Terminplan 2014

| | von | bis |
|---|---|---|
| **Abwesenheiten** | | |
| Maria | | |
| Ulrich | | |
| Petra | | |
| Josy | | |
| Maren | | |
| Angela | | |
| Christoph | | |
| Ferien | | |
| **Projektstart/-planung** | | |
| Projektstart | 16.04.14 | 08.05.14 |
| Projektplanung | 08.05.14 | 18.06.14 |
| **LA-Meeting (gecancelt)** | **21.06.14** | **21.06.14** |
| **Ist-Analyse** | | |
| **PT** Feinplanung Ist-Analyse | 18.06.14 | 18.06.14 |
| **PT** Entwürfe Erhebungsmethoden bespr./freig. | 24.06.14 | 03.07.14 |
| Daten erheben | 04.07.14 | 08.08.14 |
| **PT** Erhobene Daten auswerten | 22.07.14 | 13.08.14 |
| **PT** Daten konsolidieren = Grobergeb. vorstellen | 05.08.14 | 21.08.14 |
| **PT** Enddaten interpretieren | 21.08.14 | 03.09.14 |
| **1. LA-Meeting** | **16.09.14** | **16.09.14** |
| **Soll-Konzeption** | | |
| (Grob-)Struktur Inhaltsverzeichnis für PHB festlegen | 03.09.14 | 11.09.14 |
| **PT** Feinplanung Sollkonzept | 11.09.14 | 11.09.14 |
| **PT** PHB Inhalte verfassen (arbeitsteilig) | 12.09.14 | 20.11.14 |
| **PT** 1. Redaktionssitzung | 10.10.14 | 11.10.14 |
| **PT** 2. Redaktionssitzung | 24.10.14 | 24.10.14 |
| Abstimmung der Konzepte zum PHB | 10.10.14 | 21.11.14 |
| Review zum Sollkonzept mit ausgewählt. Pers. | 11.11.14 | 14.11.14 |
| **PT** 3. Redaktionssitzung | 20.11.14 | 20.11.14 |
| **2. LA-Meeting** | **04.12.14** | **04.12.14** |
| **Realisierung** | | |
| **PT** Feinplanung Realisierung | 11.12.14 | 11.12.14 |
| Realisierung | 15.12.14 | 30.03.15 |
| **3. LA-Meeting** | **01.04.15** | **01.04.15** |
| **Projektende** | **01.04.15** | **29.04.15** |

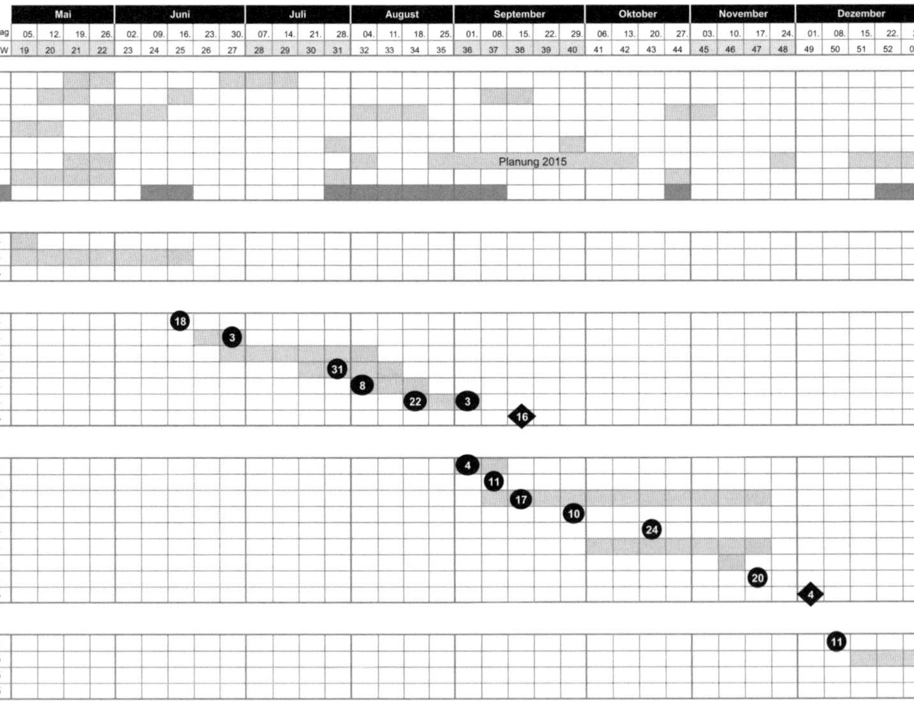


22 LA-Meeting    3 Projektteamsitzung PT

# 11h Beispiel Terminplanung 2

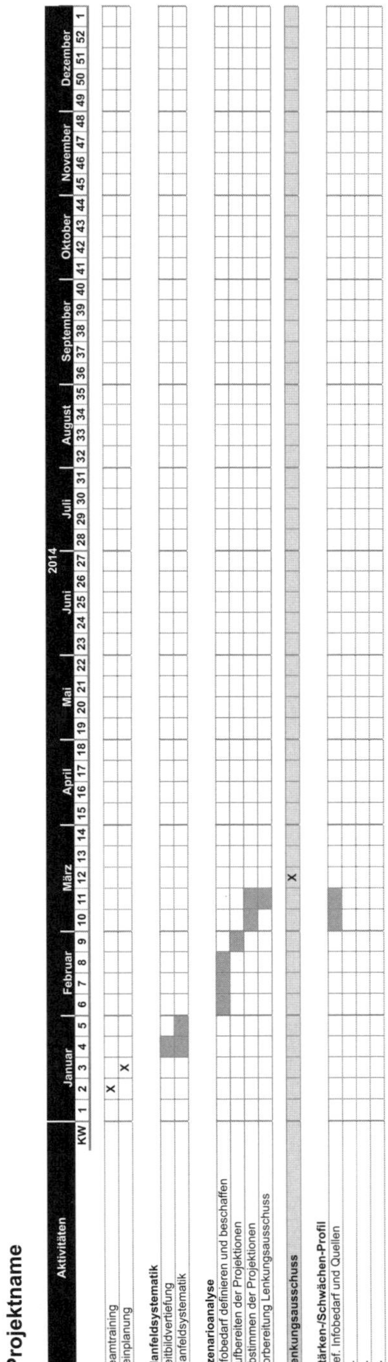

## 11i Beispiel Terminplanung 3

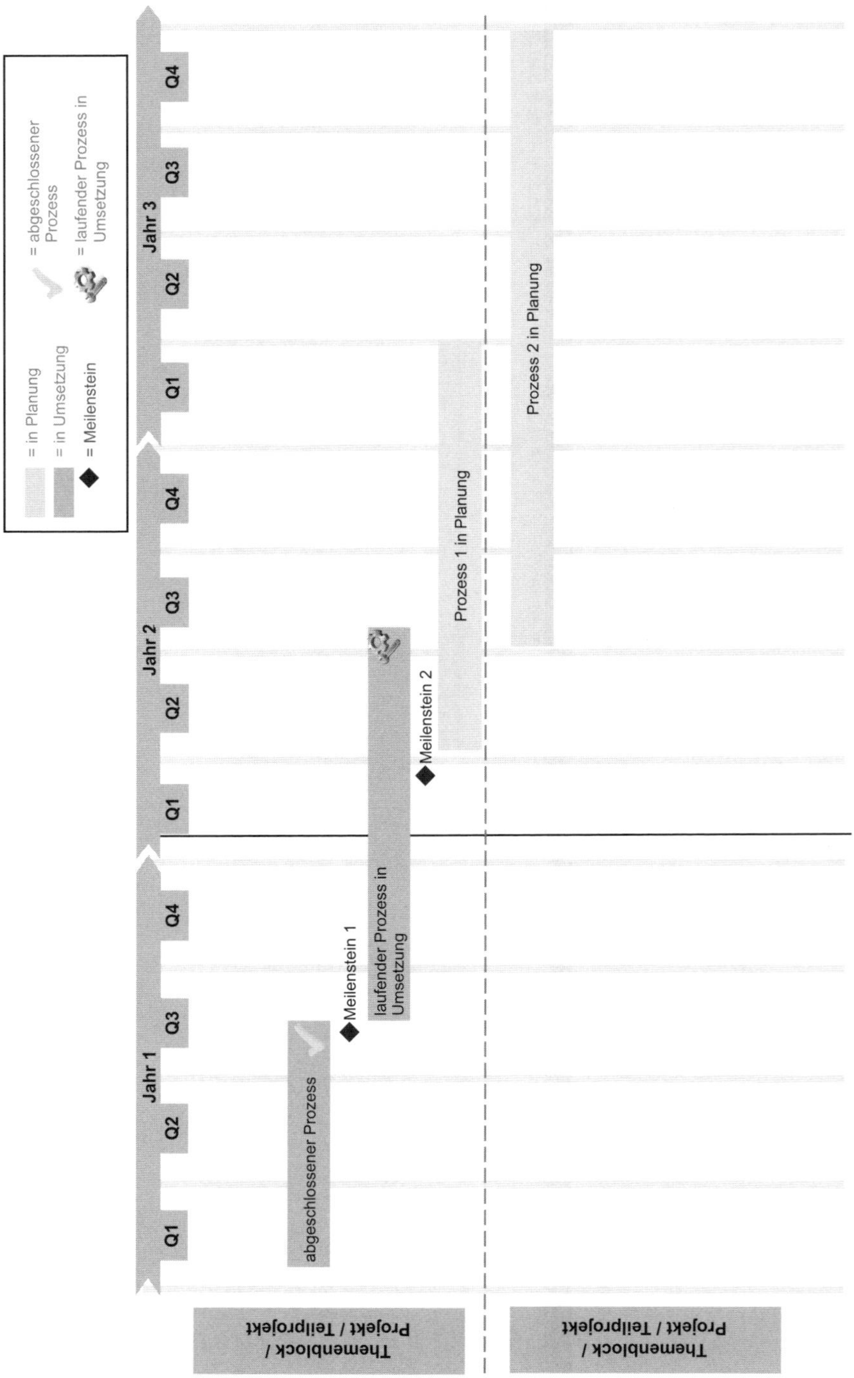

# 11j Vorlage Projektschnittstellen/Abhängigkeiten

| | |
|---|---|
| **Heutiges Datum** | **02.07.14** |
| **Betrifft** | **TP 1 System** |

| Ich liefere an | bis zum | Folgendes | erledigt | Ich erhalte von | bis zum | Folgendes | erledigt | Ich muss abstimmen mit | bis zum | Folgendes | erledigt |
|---|---|---|---|---|---|---|---|---|---|---|---|
| **TP 2 Vertrieb** | 01.12.12 | Abgleich Datenbank | | **TP 2 Vertrieb** | | Vorgabe Abwicklung Änderungsdienst; Listungsarbeit; Preispflege | | **HBM** | | Systemische Grundlagen | |
| **TP 4 Einrichtung** | 15.02.13 | Lagerplatzverwaltung für Etikettendruck | | **GF** | | Freigabe Kosten | | **TP 2 Vertrieb** | | Warengruppen (TP 4 einbeziehen) | |

# 11k Vorlage Kapazitätsplanung

## Projektname

Eingabe in Stunden je Mitarbeiter (MA)

| Lfd. Nr. | Arbeitspaket | Name | MA 1 | MA 2 | MA 3 | MA 4 | MA 5 | MA 6 | MA 7 | MA 8 | MA 9 | MA 10 | MA 11 | MA12 | MA 13 | MA 14 | Gesamt |
|---|---|---|---|---|---|---|---|---|---|---|---|---|---|---|---|---|---|
| | gesamt | **SOLL in AT** | 4,00 | 3,00 | 4,00 | 10,00 | 8,00 | 2,00 | 6,00 | 9,00 | 10,00 | 15,00 | 15,00 | 10,00 | 6,00 | 3,00 | **105,00** |
| | | **IST in AT** | 0,38 | 0,25 | 0,75 | 2,75 | 3,00 | 3,13 | 0,75 | 0,00 | 1,00 | 1,88 | 3,50 | 1,00 | 1,50 | 0,00 | **19,88** |
| | | **verbleibend** | **3,63** | **2,75** | **3,25** | **7,25** | **5,00** | **-1,13** | **5,25** | **9,00** | **9,00** | **13,13** | **11,50** | **9,00** | **4,50** | **3,00** | 85,13 |
| **Arbeitspaket 1** | | | | | | | | | | | | | | | | | |
| 1.1 | | Stunden | 3,00 | | | | | 7,00 | | | | | | | | | **10,00** |
| 1.2 | | Stunden | | 2,00 | 6,00 | | 8,00 | | | | | 15,00 | | 8,00 | | | **39,00** |
| 1.3 | | Stunden | | | | | 8,00 | 18,00 | | | 8,00 | | 28,00 | | 12,00 | | **74,00** |
| 1.4 | | Stunden | | | | 22,00 | 8,00 | | 6,00 | | | | | | | | **36,00** |
| 1.5 | | Stunden | | | | | | | | | | | | | | | **0,00** |
| | **gesamt** | **Arbeitstage** | **0,38** | **0,25** | **0,75** | **2,75** | **3,00** | **3,13** | **0,75** | **0,00** | **1,00** | **1,88** | **3,50** | **1,00** | **1,50** | **0,00** | 19,88 |
| **Arbeitspaket 2** | | | | | | | | | | | | | | | | | |
| 2.1 | | Stunden | | | | | | | | | | | | | | | **0,00** |
| 2.2 | | Stunden | | | | | | | | | | | | | | | **0,00** |
| 2.3 | | Stunden | | | | | | | | | | | | | | | **0,00** |
| 2.4 | | Stunden | | | | | | | | | | | | | | | **0,00** |
| 2.5 | | Stunden | | | | | | | | | | | | | | | **0,00** |
| 2.6 | | Stunden | | | | | | | | | | | | | | | **0,00** |
| | **gesamt** | **Arbeitstage** | **0,00** | **0,00** | **0,00** | **0,00** | **0,00** | **0,00** | **0,00** | **0,00** | **0,00** | **0,00** | **0,00** | **0,00** | **0,00** | **0,00** | **0,00** |
| **Arbeitspaket 3** | | | | | | | | | | | | | | | | | |
| 3.1 | | Stunden | | | | | | | | | | | | | | | **0,00** |
| 3.2 | | Stunden | | | | | | | | | | | | | | | **0,00** |
| 3.3 | | Stunden | | | | | | | | | | | | | | | **0,00** |
| 3.4 | | Stunden | | | | | | | | | | | | | | | **0,00** |
| | **gesamt** | **Arbeitstage** | **0,00** | **0,00** | **0,00** | **0,00** | **0,00** | **0,00** | **0,00** | **0,00** | **0,00** | **0,00** | **0,00** | **0,00** | **0,00** | **0,00** | **0,00** |

1 Arbeitstag = 8 Stunden

# 11I Vorlage Kapazitätsplanung 2

## Projektname

| Lfd. Nr. | Arbeitspaket | Name | Start | Ende | Kapazität in Arbeitstagen SOLL | IST | Diff. | Juni 2014 KW 23 | KW 24 | KW 25 | KW 26 | KW 27 | Juli 2014 KW 28 | KW 29 | KW 30 | KW 31 | Aug 2014 KW 32 | KW 33 | KW 34 | KW 35 |
|---|---|---|---|---|---|---|---|---|---|---|---|---|---|---|---|---|---|---|---|---|
| **Arbeitspaket 1** | | | | | | | | | | | | | | | | | | | | |
| 1.1 | | Mitarbeiter 1 | 10.06.14 | 18.06.14 | 5,00 | 7,00 | -2,00 | | | | | | | | | | | | | |
| 1.2 | | Mitarbeiter 2 | 16.06.14 | 25.06.14 | 7,00 | 3,00 | 4,00 | | | | | | | | | | | | | |
| 1.3 | | Mitarbeiter 3 | 23.06.14 | 25.06.14 | 2,00 | 3,25 | -1,25 | | | | | | | | | | | | | |
| 1.4 | | Mitarbeiter 4 | 30.06.14 | 04.07.14 | 4,00 | 3,00 | 1,00 | | | | | | | | | | | | | |
| 1.5 | | Mitarbeiter 5 | 23.06.14 | 27.06.14 | 2,00 | 2,75 | -0,75 | | | | | | | | | | | | | |
| | **gesamt** | | **10.06.14** | **04.07.14** | **20,00** | **19,00** | **1,00** | | | | | | | | | | | | | |
| **Arbeitspaket 2** | | | | | | | | | | | | | | | | | | | | |
| 2.1 | | | | | | | 0,00 | | | | | | | | | | | | | |
| 2.2 | | | | | | | 0,00 | | | | | | | | | | | | | |
| 2.3 | | | | | | | 0,00 | | | | | | | | | | | | | |
| 2.4 | | | | | | | 0,00 | | | | | | | | | | | | | |
| 2.5 | | | | | | | 0,00 | | | | | | | | | | | | | |
| 2.6 | | | | | | | 0,00 | | | | | | | | | | | | | |
| | **gesamt** | | **00.01.00** | **00.01.00** | **0,00** | **0,00** | **0,00** | | | | | | | | | | | | | |
| **Arbeitspaket 3** | | | | | | | | | | | | | | | | | | | | |
| 3.1 | | | | | | | 0,00 | | | | | | | | | | | | | |
| 3.2 | | | | | | | 0,00 | | | | | | | | | | | | | |
| 3.3 | | | | | | | 0,00 | | | | | | | | | | | | | |
| 3.4 | | | | | | | 0,00 | | | | | | | | | | | | | |
| | **gesamt** | | **00.01.00** | **00.01.00** | **0,00** | **0,00** | **0,00** | | | | | | | | | | | | | |

## 11m Vorlage Kostenplanung 1

**Projektname**

Eingabefelder

| | Jan. | Feb. | März | Apr. | Mai | Juni | Juli | Aug. | Sep. | Okt. | Nov. | Dez. | Jahr 1 | Jahr 2 | Jahr 3 | gesamt |
|---|---|---|---|---|---|---|---|---|---|---|---|---|---|---|---|---|
| Kostenart 1 | | | | | | | | | | | | | 0,0 | | | 0,0 |
| Kostenart 2 | | | | | | | | | | | | | 0,0 | | | 0,0 |
| Kostenart 3 | | | | | | | | | | | | | 0,0 | | | 0,0 |
| Kostenart 4 | | | | | | | | | | | | | 0,0 | | | 0,0 |
| Kostenart 5 | | | | | | | | | | | | | 0,0 | | | 0,0 |
| Kostenart 6 | | | | | | | | | | | | | 0,0 | | | 0,0 |
| Kostenart 7 | | | | | | | | | | | | | 0,0 | | | 0,0 |
| Kostenart 8 | | | | | | | | | | | | | 0,0 | | | 0,0 |
| Kostenart 9 | | | | | | | | | | | | | 0,0 | | | 0,0 |
| Kostenart 10 | | | | | | | | | | | | | 0,0 | | | 0,0 |
| Kostenart 11 | | | | | | | | | | | | | 0,0 | | | 0,0 |
| Kostenart 12 | | | | | | | | | | | | | 0,0 | | | 0,0 |
| gesamt | 0,0 | 0,0 | 0,0 | 0,0 | 0,0 | 0,0 | 0,0 | 0,0 | 0,0 | 0,0 | 0,0 | 0,0 | 0,0 | 0,0 | 0,0 | 0,0 |

**Bemerkungen:**

## 11n Vorlage Kostenplanung 2

### Projektname

| Lfd. Nr. | Arbeitspaket | Plankosten gesamt | Istkosten Kostenart 1 | Kostenart 2 | Kostenart 3 | Kostenart 4 | gesamt | Differenz | Maßnahmen |
|---|---|---|---|---|---|---|---|---|---|
| **Gesamtprojekt** | | | | | | | | | |
| | gesamt | 0 | 0 | 0 | 0 | 0 | 0 | 0 | |
| **Arbeitspaket 1** | | | | | | | | | |
| 1.1 | | | | | | | 0 | 0 | |
| 1.2 | | | | | | | 0 | 0 | |
| 1.3 | | | | | | | 0 | 0 | |
| 1.4 | | | | | | | 0 | 0 | |
| 1.5 | | | | | | | 0 | 0 | |
| | gesamt | 0 | 0 | 0 | 0 | 0 | 0 | 0 | |
| **Arbeitspaket 2** | | | | | | | | | |
| 2.1 | | | | | | | 0 | 0 | |
| 2.2 | | | | | | | 0 | 0 | |
| 2.3 | | | | | | | 0 | 0 | |
| 2.4 | | | | | | | 0 | 0 | |
| 2.5 | | | | | | | 0 | 0 | |
| | gesamt | 0 | 0 | 0 | 0 | 0 | 0 | 0 | |
| **Arbeitspaket 3** | | | | | | | | | |
| 3.1 | | | | | | | 0 | 0 | |
| 3.2 | | | | | | | 0 | 0 | |
| 3.3 | | | | | | | 0 | 0 | |
| 3.4 | | | | | | | 0 | 0 | |
| 3.5 | | | | | | | 0 | 0 | |
| | gesamt | 0 | 0 | 0 | 0 | 0 | 0 | 0 | |

# 11o Vorlage Vollkostenrechnung

## Vollkostenrechnung

*<Projektnr.:>* *<Projektname>*

**Stand: MM/JJ** **Kostenstelle:**

**Externe Kosten**

| Lfd. Nr. | Beschreibung | Plan-Kosten [in k€] | IST-Kosten [in k€] | Anmerkungen |
|---|---|---|---|---|
| **1.0** | **Arbeit & Dienstleistungen** | | | |
| 1.1 | Entwicklungskosten | | | |
| 1.2 | Installationskosten | | | |
| 1.3 | Beratungskosten | | | |
| 1.4 | | | | |
| 1.5 | | | | |
| | *Summe Arbeit & Dienstleistungen* | *€ 0 k* | *€ 0 k* | |
| **2.0** | **Anschaffungen** | | | |
| 2.1 | Entwicklungskosten | | | |
| 2.2 | Installationskosten | | | |
| 2.3 | Beratungskosten | | | |
| 2.4 | | | | |
| 2.5 | | | | |
| | *Summe Arbeit & Dienstleistungen* | *€ 0 k* | *€ 0 k* | |
| **3.0** | **Sonstige Kosten** | | | |
| 3.1 | Entwicklungskosten | | | |
| 3.2 | Installationskosten | | | |
| 3.3 | Beratungskosten | | | |
| 3.4 | | | | |
| 3.5 | | | | |
| | *Summe Arbeit & Dienstleistungen* | *€ 0 k* | *€ 0 k* | |
| | **Gesamte externe Kosten** | € 0 k | € 0 k | |

**Interne Kosten**

| Lfd. Nr. | Beschreibung | Verrechnungsklasse (unten) | Aufwand Personentage 1PT = 8 Std. | Kosten [in k€] | Klasse | IST-Kosten [in k€] | | Anmerkungen |
|---|---|---|---|---|---|---|---|---|
| **4.0** | **Personalkosten** | | | | | | | |
| 4.1 | Projektmitglieder allgemein | a | | | a | | | |
| 4.2 | Systemarchitekten | d | | | b | | | |
| 4.3 | Systemingenieur | c | | | c | | | |
| 4.4 | | | | | | | | |
| 4.5 | | e | | | | | | |
| | *Summe Personalkosten* | | *0 PT* | *€ 0 k* | | *0 PT* | *€ 0 k* | |
| **5.0** | **Projektleitungskosten** | | | | | | | |
| 5.1 | Projektleiter | b | | | a | | | |
| 5.2 | Teilprojektleiter | e | | | b | | | |
| 5.3 | | | | | c | | | |
| 5.4 | | | | | | | | |
| 5.5 | | | | | | | | |
| | *Summe Projektleitungskosten* | | *0 PT* | *€ 0 k* | | *0 PT* | *€ 0 k* | |
| **6.0** | **Schulungskosten** | | | | | | | |
| 6.1 | Interne Schulung | e | | | a | | | |
| 6.2 | | | | | b | | | |
| 6.3 | | | | | c | | | |
| 6.4 | | | | | | | | |
| 6.5 | | | | | | | | |
| | *Summe Schulungskosten* | | *0 PT* | *€ 0 k* | | *0 PT* | *€ 0 k* | |
| | **Gesamte interne Kosten** | | 0 PT | € 0 k | | 0 PT | € 0 k | |

| | | |
|---|---|---|
| **Gesamtkosten** | **€ 0 k** | **€ 0 k** |

**Projektleiter:** **Auftraggeber:**

# 11p Vorlage Risikoanalyse 1

**Projektname**

| AP-Nr. | Arbeitspaket (AP) | Schwierigkeiten | | | Beschreibung Schwierigkeiten/Ursache | Eintrittsindikatoren | Auswirkungen auf AP | Maßnahmen | | Eintritts-wahrschein-lichkeit |
|---|---|---|---|---|---|---|---|---|---|---|
| | | Qualität | Termine | Kosten | | | | Präventiv | Korrektiv | |
| 1 | alle Phasen/ganzes Projekt | x | x | | Eigendynamik Lenkungsausschuss: zu starke operative Einmischung; Verfolgung von Eigeninteressen | Lenkungsausschuss-sitzungen; Versuch direkter Einflussnahme auf Projektteam | Welche Auswirkung auf welches Arbeitspaket? | Rolle des Lenkungsausschusses frühzeitig und deutlich klären; Regeln für Zusammenarbeit festlegen | direkte Ansprache des einzelnen LA-Mitglieds; Sondersitzung LA organisieren; Austausch LA-Mitglied | 70% |
| | | | | | | | | | | |
| | | | | | | | | | | |
| | | | | | | | | | | |
| | | | | | | | | | | |
| | | | | | | | | | | |
| | | | | | | | | | | |
| | | | | | | | | | | |
| | | | | | | | | | | |
| | | | | | | | | | | |
| | | | | | | | | | | |
| | | | | | | | | | | |
| | | | | | | | | | | |
| | | | | | | | | | | |

**Bemerkungen:**

## 11q Vorlage Risikoanalyse 2

# Risikoanalyse

| Benennung Risiko | Details | Maßnahmen | Verantwortlich für die Risikosteuerung |
| --- | --- | --- | --- |
| Verfügbarkeit der Projektteammitglieder | **Beschreibung des Risikos**<br>Gefahr knapper Ressourcen aufgrund starker Belastung durch andere Projekte | **Präventiv (Vermeidung des Risikos)**<br>Konkrete Benennung der zeitlichen Belastung aller Projektteammitglieder und Abstimmung mit deren Vorgesetzten bzw. anderen Projektleitern | PL |
| | **Möglicher Schaden**<br>Projektverzug,<br>Überlastung der Personen,<br>mangelnde Qualität der Projektergebnisse | **Korrektiv (nach Eintritt des Risikos)**<br>– Projektlaufzeit verlängern<br>– Überlastete Personen auswechseln<br>– Anspruch an die Qualität der Ergebnisse reduzieren | |
| | **Beschreibung des Risikos** | **Präventiv (Vermeidung des Risikos)** | |
| | **Möglicher Schaden** | **Korrektiv (nach Eintritt des Risikos)** | |
| | **Beschreibung des Risikos** | **Präventiv (Vermeidung des Risikos)** | |
| | **Möglicher Schaden** | **Korrektiv (nach Eintritt des Risikos)** | |
| | **Beschreibung des Risikos** | **Präventiv (Vermeidung des Risikos)** | |
| | **Möglicher Schaden** | **Korrektiv (nach Eintritt des Risikos)** | |

## 11r Checkliste Projektplanung

| Allgemein |
|---|
| ▪ Planen Sie stets schriftlich (zur Arbeitsentlastung des Kopfes)!<br>▪ Planen Sie für alle sichtbar (Flipchart, Pinnwand, Beamer ...)!<br>▪ Planen Sie unter Beteiligung des gesamten Projektteams und ggf. Hinzuziehung von Experten!<br>▪ Planen Sie erst, nachdem Sie das Ziel ausformuliert haben!<br>▪ Informieren Sie sich über Urlaube, Weiterbildungen, Messen, Ferien etc. |

| Vorbereitung der Projektplanung |
|---|
| ▪ Planen Sie die Phase der Projektplanung.<br>▪ Planen Sie Zeit für Verfahrensdiskussionen ein, z. B.:<br>    ▪ Wie wollen wir in der Planung vorgehen?<br>    ▪ Wie wollen wir an die nächste Projektphase herangehen?<br>▪ Treffen Sie eine sinnvolle Auswahl an Planungstools/-instrumenten und Plänen.<br>    ▪ Was genau wollen/müssen wir für dieses Projekt planen?<br>    ▪ „So viel wie nötig – so wenig wie möglich!“ |

| Während der Projektplanung |
|---|
| ▪ Moderieren Sie die Projektplanung, um heftige Diskussionen, Machtkämpfe usw. zu vermeiden.<br>▪ Halten Sie bereits während der Projektplanung Ideen, Annahmen, Argumente, grundsätzliche Überlegungen und gedankliche Details fest, um später noch nachvollziehen zu können, weshalb Sie so geplant haben, wie Sie geplant haben.<br>Hier entstehen bereits die Merkpunkte und Themen für die Meetingliste. |

11r Checkliste Projektplanung *(Fortsetzung)*

- Planen Sie von vornherein Meilensteine und Zwischenziele mit fixen Terminen ein.
- Schnüren Sie aus erforderlichen Tätigkeiten wohl definierte Arbeitspakete mit Zeit- und Ressourcenbedarf sowie einem Ziel und einem festen Endtermin!
- Greifen Sie für Zeitschätzungen auf Durchschnittszeiten und Erfahrungswerte von Experten zurück.
- Berücksichtigen und planen Sie alles (!), was getan werden muss bzw. Zeit kostet, denn auch Projektsteuerung und Administration sind Zeitfresser. Dazu gehören:
  - Dokumentation, Protokolle
  - Vorbereitung von Sitzungen – vor allem Entscheidungssitzungen (Einladung, Regieplan, Handouts, Präsentationserstellung, Vorab-Unterlagen an die Teilnehmer, Trockenlauf, Formulierung des Entscheidungsbedarfs und der Optionen)
  - Nachbereitung von Sitzungen (Manöverkritik/Feedback, Protokoll, Entscheidungsvorlagen, z. B. für die Vorstandssitzung, Dokumente anpassen, Korrekturen/Veränderungen einarbeiten)
  - Projektsteuerung
  - Betreuung des relevanten Umfelds (Auftraggeber, Unterstützer, Gegner usw.)
  - Weitere Feinplanungsrunden
  - Anpassung der Instrumente/Tools
  - Abstimmungen im Projektteam, die zu längeren Diskussionen führen
- Verplanen Sie die verfügbare Zeit nicht vollständig, sondern berücksichtigen Sie mindestens 20 % Puffer (Zeitreserve) – zwingend!
- Planen Sie die Zeitpuffer nicht erst am Ende des Projekts, sondern möglichst je Arbeitspaket ein!

**Nach der Projektplanung**

- Passen Sie nach Fertigstellung der realistischen (!) Planung das Projektziel bzw. den Projektauftrag gegebenenfalls an.
- Stimmen Sie Ihre Planungsergebnisse und eventuelle Anpassungen von Projektauftrag/-ziel mit den Auftraggebern oder Entscheidern ab!
- Überprüfen Sie die Terminplanung in regelmäßigen Abständen und passen Sie sie an, z. B. bei veränderten Rahmenbedingungen!

## 12a Checkliste Projekterfolg

| | trifft nicht zu | | | | | | trifft voll zu |
|---|---|---|---|---|---|---|---|
| | --- | -- | - | 0 | + | ++ | +++ |
| 1. Es sind Projektleiter benannt, die ihre Kompetenzen und ihre Verantwortung genau kennen. | | | | | | | |
| 2. Unsere Projekte haben klar definierte Ziele. | | | | | | | |
| 3. Die Projektziele sind mit allen Beteiligten abgestimmt und allen kommuniziert. | | | | | | | |
| 4. Wir nutzen in Projekten definierte, einheitliche Methoden und Instrumente. | | | | | | | |
| 5. Projekte sind bei uns sauber geplant und in abgegrenzte, handhabbare Arbeitspakete zerlegt. | | | | | | | |
| 6. Meilensteine werden eindeutig definiert und eingehalten. | | | | | | | |
| 7. Termine, Kosten und notwendige Personalressourcen werden realistisch eingeschätzt und geplant. | | | | | | | |
| 8. Potenzielle Risiken werden frühzeitig identifiziert und berücksichtigt. | | | | | | | |
| 9. Entscheidungsbedarf wird dem zuständigen Entscheidungsgremium zügig vorgelegt und auch entschieden. | | | | | | | |
| 10. Alle am Projekt Beteiligten identifizieren sich mit dem Projekt und arbeiten motiviert mit. | | | | | | | |
| 11. Es herrscht im Normalfall eine offene und vertrauensvolle Atmosphäre im Projektteam. | | | | | | | |
| 12. Konflikte im Projektteam werden im Team offen angesprochen und konstruktiv gelöst. | | | | | | | |
| 13. Die Projektdokumentation erfolgt zeitnah, ist verständlich und nachvollziehbar. | | | | | | | |

# 12b Vorlage Jobliste

**Projektname**

Offene Jobs

Stand: xx.xx.xxxx

| Datum | Was? | Wer mit wem? | Bis wann? | erledigt |
|---|---|---|---|---|
| | | | | |
| | | | | |
| | | | | |
| | | | | |
| | | | | |
| | | | | |
| | | | | |
| | | | | |
| | | | | |
| | | | | |
| | | | | |
| | | | | |
| | | | | |
| | | | | |
| | | | | |
| | | | | |
| | | | | |
| | | | | |
| | | | | |
| | | | | |
| | | | | |
| | | | | |
| | | | | |
| | | | | |
| | | | | |
| | | | | |
| | | | | |
| | | | | |
| | | | | |
| | | | | |
| | | | | |
| | | | | |
| | | | | |
| | | | | |
| | | | | |
| | | | | |
| | | | | |
| | | | | |
| | | | | |
| | | | | |
| | | | | |

## 12c Beispiel Meetingliste

| Termin | Hinweise | Inhalte |
|---|---|---|
| **10.04.14**<br>10-13.00 Uhr | Teilnahme von XY und AB erforderlich | Treffen zur Vorbereitung des Kickoffs<br>(Inhalte, Struktur, Hilfsmittel, Raum, Dauer, Teilnehmer) |
| **16.04.14**<br>10-18.30 Uhr | Raum mit Beamer! | **Projektstart & Kickoff**<br>▪ Kennenlernen, Einschwingen<br>▪ Erwartungen, gewünschte/denkbare Rollen und Beiträge zum Projekt, Spielregeln untereinander<br>▪ Projektauftrag verfeinern |
| **09.05.14**<br>9-17.30 Uhr | XY verhindert, CD vertritt ihn<br><br>Kalender mitbringen<br>USB-Stick | **Projektplanung**<br>▪ Infoaustausch und Reflexion Kickoff (Tempo, Effizienz, Spielregeln)<br>▪ Projektplanung beginnen<br>▪ Dokumentation regeln (Ablage, Server ...)<br>▪ Risikoanalyse veranlassen |
| **18.06.14**<br>9.30-18.30 Uhr | Regieplan dafür ist von WZ vorbereitet | **Vorbereitung LA-Sitzung**<br>Trockenlauf!<br><br>Nicht vergessen:<br>Kann Praktikantin XY künftig Projekt unterstützen? |
| **23.06.14**<br>14-17.00 Uhr | Projektkernteam trifft sich 13.30!<br>Vorbereiten: Beamer, Flip | **1. LA-Sitzung**<br>▪ Kennenlernen, Erwartungen, Spielregeln<br>▪ gem. Verständnis Projektauftrag und -ziele<br>▪ Überblick Projektplan<br>▪ Entscheidungsbedarf zu ... |
| **04.09.14**<br>9.30-18.30 Uhr | VW, CD und TS erforderlich | **Expertenrunde** zum Spezialthema ...<br>▪ ... |
| ... | ... | ... |
| **30.03.15**<br>9.30-11.30 Uhr | | **Letzte LA-Sitzung**<br>▪ Projektabschlussbericht, Entlastung<br>▪ ... |
| **29.04.15**<br>9.30-18.30 Uhr | | **Projektabschlusssitzung**<br>▪ Lessons Learned<br>▪ Überprüfung Projekt- und Produktdokumentation (aktuell? vollständig? zugänglich?)<br>▪ Letzte Jobs, offene Tätigkeiten (was? durch wen?) nach Projektende, Übergabe in den Regelbetrieb |
| **Abschluss** | | **Feier!** |

## 12d Vorlage Meetingliste

| Termin | Hinweise | Inhalte |
|---|---|---|
| | | |
| | | |
| | | |
| | | |
| | | |
| | | |
| | | |
| | | |

## 12e Vorlage Statusbericht

### Aktueller Gesamtstatus

| Gesamtstatus | Zeit | Budget | Anforderungen |
|---|---|---|---|
| ■ ... | ■ ... | ■ ... | ■ ... |

Info-Kasten bitte beim Ausfüllen löschen

**Hinweis**
Bitte bei den Ampeln die nicht benötigten Farben löschen, die Ampeln sollen so aussehen:

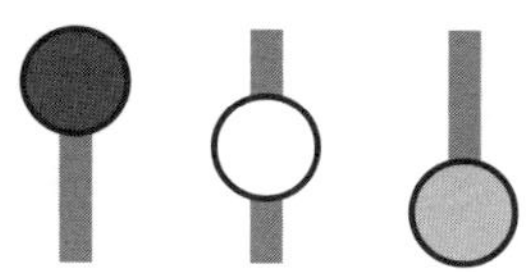

12e Vorlage Statusbericht *(Fortsetzung)*

## Status Meilensteine

- Bitte Übersicht über erreichte und nächste anstehende Meilensteine geben (Text oder übersichtlicher Ausschnitt aus Projekt-/Meilenstein-Plan) mit Einschätzung, ob sie voraussichtlich wie geplant erreicht werden.
- Bei Bedarf (z. B. wenn auf vorhergehender Folie Ampeln gelb oder rot sind) auch weitere nächste Schritte, angestrebte Problemlösungen oder Entscheidungsbedarf einschließlich Empfehlung erläutern.

12e Vorlage Statusbericht *(Fortsetzung)*

# Größte Risiken derzeit

| Ursache | Auswirkung | Eintritts-wahr-scheinlich-keit | Maßnahmen | |
|---|---|---|---|---|
| | | | präventiv | korrektiv |
| Risiko 1 | Beschreibung der Auswirkung | x % | … | … |
| Risiko 2 | Beschreibung der Auswirkung | x % | … | … |
| Risiko 3 | Beschreibung der Auswirkung | x % | … | … |

**Legende Eintrittswahrscheinlichkeit**
100 % eingetreten
80 % sehr wahrscheinlich
60 % wahrscheinlich
40 % unwahrscheinlich
20 % sehr unwahrscheinlich

## 12f Vorlage Decision Diary

**Projektname**

**Stand: xx.xx.xxxx**

| Datum | Entscheidung | Begründung | Entscheidungs-träger |
|---|---|---|---|
| | | | |
| | | | |
| | | | |
| | | | |
| | | | |
| | | | |
| | | | |
| | | | |
| | | | |
| | | | |
| | | | |
| | | | |
| | | | |
| | | | |
| | | | |
| | | | |
| | | | |
| | | | |
| | | | |
| | | | |
| | | | |
| | | | |
| | | | |
| | | | |
| | | | |
| | | | |
| | | | |
| | | | |
| | | | |
| | | | |
| | | | |
| | | | |
| | | | |
| | | | |
| | | | |
| | | | |
| | | | |
| | | | |
| | | | |
| | | | |
| | | | |
| | | | |

# 12g Vorlage Änderungsmanagement – Change Log

## Änderungsmanagement - Change Log

*<Projektnr.>* *<Projektname>*

| # | Change (Titel des Changes) | Betrifft | | | Genehmigung | | Beschreibung des genehmigten Changes | Kosten/Aufwand (negativ bei Einsparungen) | Verweis auf weitere Anmerkungen |
|---|---|---|---|---|---|---|---|---|---|
| | | Budget | Qualität | Zeit | Datum | Genehmigung durch | | | |
| 1 | Einführung PMO | | x | x | 12.05.14 | Auftraggeber | Bisher war keine Einführung eines Projektmanagement-Offices geplant. Nun soll es doch konzipiert und eingeführt werden. | 2 Monate mehr Projektlaufzeit; Projektteam arbeitet 2 Monate in voller Stärke weiter. | Siehe Projektauftrag Version 3.0; siehe Mails des Vorstands vom 05.05.2014. |
| 2 | | | | | | | | | |
| 3 | | | | | | | | | |
| 4 | | | | | | | | | |
| 5 | | | | | | | | | |
| 6 | | | | | | | | | |
| 7 | | | | | | | | | |
| 8 | | | | | | | | | |
| 9 | | | | | | | | | |
| 10 | | | | | | | | | |
| 11 | | | | | | | | | |
| 12 | | | | | | | | | |
| 13 | | | | | | | | | |
| 14 | | | | | | | | | |
| 15 | | | | | | | | | |
| 16 | | | | | | | | | |
| 17 | | | | | | | | | |
| 18 | | | | | | | | | |
| 19 | | | | | | | | | |
| 20 | | | | | | | | | |
| 21 | | | | | | | | | |
| 22 | | | | | | | | | |
| 23 | | | | | | | | | |
| 24 | | | | | | | | | |
| 25 | | | | | | | | | |
| 26 | | | | | | | | | |
| 27 | | | | | | | | | |
| 28 | | | | | | | | | |
| 29 | | | | | | | | | |
| 30 | | | | | | | | | |
| 31 | | | | | | | | | |
| 32 | | | | | | | | | |
| 33 | | | | | | | | | |
| 34 | | | | | | | | | |
| 35 | | | | | | | | | |
| 36 | | | | | | | | | |
| 37 | | | | | | | | | |
| 38 | | | | | | | | | |
| 39 | | | | | | | | | |
| 40 | | | | | | | | | |

# 13a Vorlage Review 1

**Projektname**

| Was hat die Projektarbeit bezüglich nachstehender Themenfelder | erschwert? | erleichtert? |
|---|---|---|
| Projektstart | | |
| Auftragsklärung | | |
| Skills im Projektteam | | |
| Projektorganisation (Experten, Lenkungsausschuss) | | |
| Projektplanung | | |
| Kommunikation im Projektteam | | |
| Meetings | | |
| Umgang mit Tools | | |
| Dokumentation | | |
| Entscheidungsprozesse | | |
| Projektsteuerung und Risikomanagement | | |
| Projektmarketing | | |

| Erfahrungssicherung für den weiteren Projektverlauf bzw. für künftige Projekte | Wieder so … | Lieber so … | Nie wieder so … |
|---|---|---|---|
| Auftragsklärung | | | |
| Methoden und Vorgehen | | | |
| Team und Führung | | | |
| Administration und Organisation | | | |

## 13b Vorlage Review 2

### Projektname

| Sind wir mit dem Projektverlauf zufrieden? | |
|---|---|
| Was war im Projektverlauf gut? ☺<br>Was hat mir gefallen? | |
| Was war im Projektverlauf weniger gut? ☹ | |

| Welche Schwierigkeiten gab es? | Hauptursache(n) für die Schwierigkeit | Erkenntnisse/Learnings |
|---|---|---|
| ▪ | | |
| ▪ | | |

| Haben sich die Rahmenbedingungen für unser Projekt verändert? | |
|---|---|
| Ist der Projektauftrag noch aktuell?<br>Sind Anpassungen notwendig? | |
| Ist die Projektplanung noch realistisch?<br>Sind Anpassungen notwendig? | |
| Ist das Budget noch angemessen bzw. ausreichend? | |
| Sind die Spielregeln noch passend?<br>Wie zufrieden sind wir mit der Einhaltung der Spielregeln? | |
| Gibt es Veränderungen in Bezug auf die Kraftfeldanalyse? | |

13b Vorlage Review 2 *(Fortsetzung)*

| | |
|---|---|
| Sind unsere Risikoeinschätzungen noch aktuell?<br>▪ Sind Anpassungen notwendig?<br>▪ Welche Risiken sind weggefallen?<br>▪ Welche Risiken sind hinzugekommen? | |
| Welche Unterstützung wäre für noch mehr Erfolg notwendig? | |

| Wie war die Zusammenarbeit von … | Anerkennung | Kritik |
|---|---|---|
| Projektleiter und Projektteam | | |
| Projektteam untereinander | | |
| Projektteam und beteiligte Bereiche | | |
| Projektleiter/Projektteam und Lenkungsausschuss | | |
| Projektteam und Auftraggeber/Kunde | | |

## 13c Anleitung Feedbackbogen

**Anleitung Feedbackbogen**

**Ziel:**

Ermittlung der Zufriedenheit von Projektbeteiligten

**Nutzen:**

Der Fragebogen soll zusätzlich zum direkten Feedback dem Projektleiter die Möglichkeit bieten, die Stimmung und die Zufriedenheit im Projektteam und beim Management zu erfassen. Auf diese Weise ist es möglich, rechtzeitig und zielgerichtet Maßnahmen einzuleiten und deren Wirkung zu überprüfen.

**Anwendung:**

Für den Team-Fragebogen wird eine erste Anwendung nach der Startphase des Projekts empfohlen. Der Fragebogen kann je nach Projekt mehrmals angewendet werden, zumindest aber wieder zum Abschluss des Projekts.

Für den Management-Fragebogen wird eine einmalige Anwendung nach Projektabschluss empfohlen.

Die Anwendung des Fragebogens sollte zu Projektbeginn mit dem Auftraggeber, dem Team und dem Lenkungsausschuss abgesprochen werden.

**Auswertung:**

Die summierten Ergebnisse aus den einzelnen Fragekategorien werden in das Auswertungsregister in die Excel-Datei eingetragen. Durch die mehrmalige Befragung werden Veränderungen via Netzdiagramm gut sichtbar gemacht.

## 13d Vorlage Feedbackbogen Team

### Feedbackbogen - Projektteam

**Projektname:**
**Datum:**

**5=trifft völlig zu | 4=trifft weitgehend zu | 3=trifft eher zu | 2=trifft eher nicht zu | 1=trifft gar nicht zu**

| | | |
|---|---|---|
| **1 Ziele** | | |
| 1.1 | Mir sind die Projektziele bekannt und verständlich. | |
| 1.2 | Ich finde, die Projektziele sind eindeutig, klar und messbar formuliert. | |
| 1.3 | Meiner Meinung nach sind die Ziele unter den vorgegebenen Rahmenbedingungen realistisch erreichbar. | |
| 1.4 | Die Erarbeitung der Ziele läuft aus meiner Sicht effizient und effektiv. | |
| 1.5 | Die Einhaltung des Zeitplans und der Meilensteine wird regelmäßig durch die Projektleitung überprüft. | |
| | **Summe** | |
| **2 Führung** | | |
| 2.1 | Ich bin mit der Betreuung meiner Projekttätigkeit durch die Projektleitung zufrieden. | |
| 2.2 | Ich fühle mich ausreichend in das Projekt eingebunden. | |
| 2.3 | Meine Vorschläge werden von der Projektleitung ernst genommen. | |
| 2.4 | Die Projektleitung steht zur Verfügung, wenn ich sie benötige. | |
| 2.5 | Der Projektleitung ist es aus meiner Sicht gelungen, Teamarbeit zu fördern. | |
| | **Summe** | |
| **3 Kommunikation** | | |
| 3.1 | Ich bin mit der Häufigkeit und dem Ablauf der Projektbesprechungen zufrieden. | |
| 3.2 | Die Kommunikation über die Ziele, das Vorgehen und die Hintergründe im Projekt sind mir transparent. | |
| 3.3 | Ich werde von der Projektleitung über wichtige Themen und den Verlauf des Gesamtprojekts informiert. | |
| 3.4 | Commitments nach außen spricht die Projektleitung vorher mit uns als Team ab. | |
| 3.5 | Wichtige Entscheidungen in unserem Projekt sind schriftlich dokumentiert. | |
| | **Summe** | |

13d Vorlage Feedbackbogen Team *(Fortsetzung)*

# Feedbackbogen - Projektteam

**Projektname:**
**Datum:**

**5=trifft völlig zu | 4=trifft weitgehend zu | 3=trifft eher zu | 2=trifft eher nicht zu | 1=trifft gar nicht zu**

## 4 Identifikation

| | |
|---|---|
| 4.1 Ich fühle mich dem Projekt zugehörig. | |
| 4.2 Ich erkenne meinen Beitrag an der Projektarbeit. | |
| 4.3 Meine Projektarbeit wird von der Projektleitung wertgeschätzt. | |
| 4.4 Fragen, Anregungen und andere Meinungen werden im Projektteam zugelassen und diskutiert. | |
| 4.5 Das Klima im Projektteam ist gut und konstruktiv. | |
| **Summe** | |

## 5 Engagement

| | |
|---|---|
| 5.1 Mir macht es Spaß, an diesem Projekt mitzuarbeiten. | |
| 5.2 Ich habe das Gefühl, dass meine Projektarbeit Sinn macht. | |
| 5.3 Ich bin motiviert, mein Bestes bei der Projektarbeit zu geben. | |
| 5.4 Ich habe Mitspracherecht in Dingen, die mich betreffen. | |
| 5.5 Ich lerne und entwickle mich in meiner Projektrolle weiter. | |
| **Summe** | |

## 6 Anmerkungen

## 13d Vorlage Feedbackbogen Team – *Auswertung*

Projektname:
Datum:

| Fragenbogen | 1 - Ziele | 2 - Führung | 3 - Kommunikation | 4 - Identifikation | 5 - Engagement |
|---|---|---|---|---|---|
| | | | | | |
| 1 | | | | | |
| 2 | | | | | |
| 3 | | | | | |
| 4 | | | | | |
| 5 | | | | | |
| 6 | | | | | |
| 7 | | | | | |
| 8 | | | | | |
| 9 | | | | | |
| 10 | | | | | |
| 11 | | | | | |
| 12 | | | | | |
| 13 | | | | | |
| 14 | | | | | |
| 15 | | | | | |
| 16 | | | | | |
| 17 | | | | | |
| 18 | | | | | |
| 19 | | | | | |
| 20 | | | | | |
| | | | | | |
| Fragenbogen | 1 - Ziele | 2 - Führung | 3 - Kommunikation | 4 - Identifikation | 5 - Engagement |
| Durchschnitt | #DIV/0! | #DIV/0! | #DIV/0! | #DIV/0! | #DIV/0! |

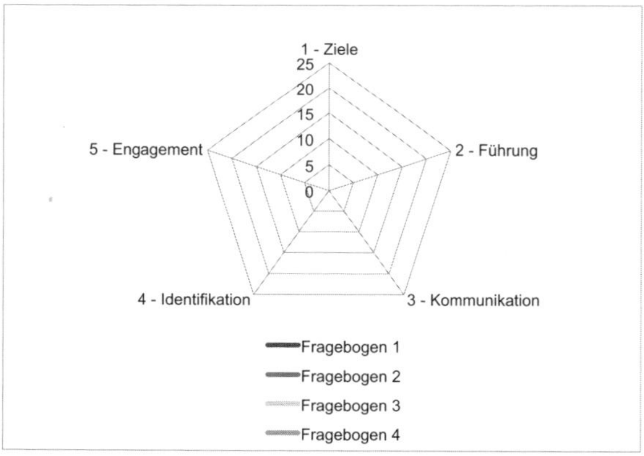

## 13e Vorlage Feedbackbogen Management

### Feedbackbogen - Auftraggeber/Lenkungsausschuss

**Projektname:**
**Datum:**

**5=trifft völlig zu | 4=trifft weitgehend zu | 3=trifft eher zu | 2=trifft eher nicht zu | 1=trifft gar nicht zu**

| | |
|---|---|
| **1 Ziele** | |
| 1.1 Meiner Meinung nach wurden die Ziele im Projektauftrag vollständig und sinnhaft definiert. | |
| 1.2 Die im Projektauftrag definierten Ziele (inkl. Change Requests) wurden erreicht. | |
| 1.3 Die Projektziele wurden bis zum definierten Zeitpunkt (inkl. Change Requests) erreicht. | |
| 1.4 Das Projekt konnte mit dem geplanten Budget (inkl. Change Requests) abgeschlossen werden. | |
| 1.5 Das Projekt würde nach heutigem Wissensstand wieder durchgeführt werden. | |
| **Summe** | |
| **2 Führung** | |
| 2.1 Ich war mit der Steuerung durch die Projektleitung zufrieden. | |
| 2.2 Die Projektleitung stand mir zur Verfügung, wenn ich sie benötigt habe. | |
| 2.3 Die Projektleitung verfügte aus meiner Sicht über die notwendigen Kompetenzen, um das Projekt ans Ziel zu bringen. | |
| 2.4 Meiner Meinung nach hat die Projektleitung bei Konflikten, Gefahren und Risiken angemessen reagiert. | |
| 2.5 Die Projektleitung hat aus meiner Sicht im Projektteam für Motivation und ein gutes Arbeitsklima gesorgt. | |
| **Summe** | |
| **3 Kommunikation** | |
| 3.1 Ich war mit Häufigkeit, Aufbau und Verlauf der Entscheidungssitzungen zufrieden. | |
| 3.2 Ich wurde von der Projektleitung über wichtige Themen und den Verlauf des Gesamtprojekts gut informiert. | |
| 3.3 Wichtige Commitments der Projektleitung wurden vorher mit mir abgesprochen. | |
| 3.4 Die Kommunikation der Projektleitung nach außen war meiner Meinung nach angemessen und professionell. | |
| 3.5 Wichtige Entscheidungen hat die Projektleitung aus meiner Sicht dokumentiert. | |
| **Summe** | |
| **4 Anmerkungen** | |
| | |

## 13e Vorlage Feedbackbogen Management – *Auswertung*

Projektname:
Datum:

| Fragenbogen | 1 - Ziele | 2 - Führung | 3 - Kommunikation |
|---|---|---|---|
| | | | |
| 1 | | | |
| 2 | | | |
| 3 | | | |
| 4 | | | |
| 5 | | | |
| 6 | | | |
| 7 | | | |
| 8 | | | |
| 9 | | | |
| 10 | | | |
| 11 | | | |
| 12 | | | |
| 13 | | | |
| 14 | | | |
| 15 | | | |
| 16 | | | |
| 17 | | | |
| 18 | | | |
| 19 | | | |
| 20 | | | |
| | | | |
| Fragenbogen | 1 - Ziele | 2 - Führung | 3 - Kommunikation |
| Durchschnitt | #DIV/0! | #DIV/0! | #DIV/0! |

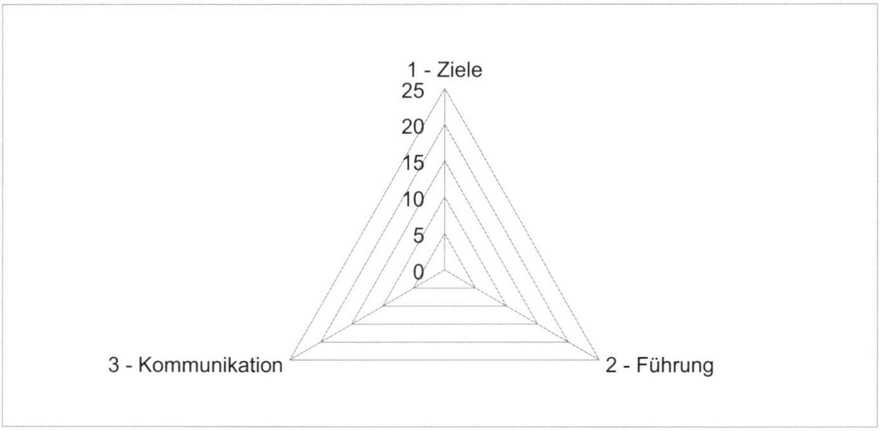

## 14a Agenda für die Projektabschlusssitzung

| Agenda für die Projektabschlusssitzung |
|---|
| **Rückschau**<br>▪ Was war gut?<br>▪ Was war weniger gut?<br>▪ Was haben alle im Team daraus gelernt?<br><br>**Anerkennung und Kritik**<br>▪ Projektleiter und Projektteam<br>▪ Projektteam untereinander<br>▪ Projektteam und Fachbereiche<br>▪ Projektleiter/Projektteam und Lenkungsausschuss<br>▪ Projektteam und Auftraggeber/Kunde<br><br>**Erfahrungssicherung für künftige Projekte**<br>▪ Auftragsklärung<br>▪ Methoden und Vorgehen<br>▪ Administration und Organisation<br><br>**Überführung der Projektteammitglieder in neue Aufgabengebiete**<br>▪ Was kann das Team tun?<br>▪ Was muss von anderen Stellen geschehen?<br><br>**Informationen über den Projektabschluss**<br>▪ Wer bekommt den Abschlussbericht?<br>▪ Wer wird nur kurz über den Abschluss informiert?<br>▪ Welche offenen Aktivitäten sind über das Projektende hinaus sicherzustellen?<br>▪ Gegebenenfalls Planung der Restaktivitäten<br><br>**Abschlussfeier**<br>▪ Wer organisiert sie?<br>▪ Wer wird dazu eingeladen? |

## 15a Fehler und Erfolgsfaktoren

| Fehler bei der Projektabwicklung | | Erfolgsfaktoren im Projektmanagement |
|---|---|---|
| ▪ Unklare Ziele<br>▪ Nicht abgestimmte Ziele<br>▪ Mangelnde Fortschreibung | **Projektziele** | ▪ Formulierung konkreter Projektziele<br>▪ Abstimmung der Ziele mit allen Beteiligten, vor allem mit dem Auftraggeber<br>▪ Anpassung der Ziele, wenn das Projekt sich verändert |
| ▪ Keine eindeutig festgelegte Projektorganisation<br>▪ Rolle und Zuständigkeit des Projektleiters und anderer Projektbeteiligter ist unklar<br>▪ Entscheidungsprozess ist nicht geregelt | **Projekt-organisation** | ▪ Ein Projektstart in Form eines Kickoff-Meetings, in dem alle offenen Punkte geklärt und festgezurrt werden<br>▪ Festlegung einer klaren Projektorganisation (Projektleiter, Projektteam, Experten, Lenkungsausschuss)<br>▪ Klare Definition der Rollen, vor allem der des Projektleiters mit dessen Kompetenzen und Verantwortung<br>▪ Konsequente Projektbesetzung (kein Wechsel oder Austausch der Beteiligten) |
| ▪ Planung aufgrund ungenauer Ausgangsdaten und Zahlen<br>▪ Bereits bei der Planung ist die Einhaltung des Endtermins unwahrscheinlich<br>▪ Fehlende Meilensteine<br>▪ Risiken sind nicht bekannt und bewusst | **Projekt-planung** | ▪ Realistische Einschätzung von Terminen, Ressourcen, Kosten und auch des Endtermins<br>▪ Definition eindeutiger Meilensteine und frühzeitige Festlegung der Entscheidungs-sitzungen<br>▪ Zerlegung des Gesamtprojekts in überschaubare und handhabbare Arbeitspakete<br>▪ Planungsergebnisse allen Beteiligten kommunizieren und nachvollziehbar machen |

15a Fehler und Erfolgsfaktoren *(Fortsetzung)*

| Fehler bei der Projektabwicklung | | Erfolgsfaktoren im Projektmanagement |
|---|---|---|
| ▪ Planungsinstrumente werden nicht kontinuierlich weiter genutzt<br>▪ Unzureichende Steuerung der Arbeitspakete<br>▪ Mangelndes Projektcontrolling<br>▪ Aufgeblähtes Berichtswesen | **Projekt-steuerung** | ▪ Planungen permanent checken, anpassen und die Veränderungen wieder kommunizieren<br>▪ Termin, Qualität und Aufwand in Abhängigkeit voneinander steuern<br>▪ Arbeitspakete frühzeitig initiieren und begleiten<br>▪ Regelmäßiger und kontinuierlicher Informationsaustausch mit allen Projektbeteiligten bzw. den Betroffenen<br>▪ Verständliche und nachvollziehbare Dokumentation (so viel wie nötig und so wenig wie möglich) |
| ▪ Zu viel Verantwortung beim Projektleiter<br>▪ Zusammenspiel ist nicht geregelt<br>▪ Misstrauensorganisation<br>▪ Mangelhafte Aufbereitung von Entscheidungsvorlagen | **Führen im Projekt** | ▪ Delegation von Verantwortung an Projektteammitglieder oder Experten<br>▪ Regeln des Zusammenspiels entwickeln und auch einklagen<br>▪ Team entwickeln, in dem ein offener und vertrauensvoller Umgang herrscht<br>▪ Projektpartner und Betroffene aktiv einbeziehen |

# Literatur


## Buchtipps für Einsteiger

*Gassmann, O. (Hrsg.):* Praxiswissen Projektmanagement: Bausteine – Instrumente – Checklisten. Hanser, München 2006

*Heimbold, R.:* Endlich im grünen Bereich! Projektmanagement für jedermann. Mitp-Verlag, Bonn 2005

*Litke, H.-D. et al.:* Projektmanagement – Best of. Haufe-Lexware, Freiburg 2012

*Tumuscheit, K.:* Überleben im Projekt. 10 Projektfallen und wie man sie umgeht. REDLINE, Heidelberg 2007

## Lesespaß

*DeMarco, T.:* Der Termin. Ein Roman über Projektmanagement. Hanser, München 2007

*DeMarco, T. et al.:* Adrenalin-Junkies und Formular-Zombies – Typisches Verhalten in Projekten. Hanser, München 2007

*Taylor, P:* Projektmanagement für Faulenzer: Wie Sie Ihre Produktivität verdoppeln und dennoch früher Feierabend machen können. GABAL, Offenbach 2011

*Torday, P.:* Lachsfischen im Jemen. Berlin Verlag, Berlin 2008

## Weiterführende Bücher

*Albrecht, M.:* Grundlagen Projektmanagement: PM-Methodenkompetenz nach IPMA Standard. Books on Demand, Norderstedt 2013

*Braehmer, U.:* Projektmanagement für kleinere und mittlere Unternehmen. Hanser, München 2009

*DeMarco, T.:* Bärentango. Mit Risikomanagement Projekte zum Erfolg führen. Hanser, München 2003

*DeMarco, T.:* Spielräume. Projektmanagement jenseits von Burn-out, Stress und Effizienzwahn. Hanser, München 2001

*Friedrich, B.:* PRINCE2 kurz und bündig. COPARGO, Dreieich 2014

*GPM Deutsche Gesellschaft für Projektmanagement et al. (Hrsg.):* Kompetenzbasiertes Projektmanagement (PM3): Handbuch für die Projektarbeit, Qualifizierung und Zertifizierung auf Basis der IPMA Competence Baseline Version 3.0. GPM Deutsche Gesellschaft für Projektmanagement, Nürnberg 2012

*Grau, N. et al. (Hrsg.):* Basiswissen Projektmanagement: Grundlagen der Projektarbeit. Symposion Publishing, Düsseldorf 2013

*Hische, V. (Hrsg.):* Wege zum projektorientierten Unternehmen: Wie eine effektive Projektkultur die Zukunft Ihres Unternehmens sichert. Springer Gabler, Wiesbaden 2012

*Litke, H.-D.:* Projektmanagement: Methoden, Techniken, Verhaltensweisen. Hanser, München 2007

*Patzak, G. et al.:* Projektmanagement: Leitfaden zum Management von Projekten, Projektportfolios und projektorientierten Unternehmen. Linde Verlag, Wien 2008

*Project Management Institute:* A Guide to the Project Management Body of Knowledge (Pmbok Guide). 5th edition (German). Project Management Institute, Pennsylvania, USA 2014

*Röpstorff, S. et al.:* Scrum in der Praxis: Erfahrungen, Problemfelder und Erfolgsfaktoren. dpunkt.verlag, Heidelberg 2012

*Wolf, H. (Hrsg.):* Agile Projekte mit Scrum, XP und Kanban im Unternehmen durchführen: Erfahrungsberichte aus der Praxis. dpunkt.verlag, Heidelberg 2011

# Index


A

Akzeptanz 22, 24, 65
Angebotsphase 50
Aufgaben, projektähnliche 77, 142
- Kickoff 82
- Meeting 82
- Projektauftrag 80
- Projektleiter 81
- zeitliche Planung 83
Auftraggeber 27, 29
Auftragsklärung 33

B

Blitzlicht 132
Budget 103, 116

D

Decision Diary 122

F

Frühwarnung 124

J

Jobliste 84, 119

K

Kapazitätsplanung 101
Kickoff 39, 140
- Inhalte 41
Kommunikationsmatrix 69
Kommunikationswege 68
Kostenplanung 103
Kostensenkung 116
Kraftfeldanalyse 43
- Matrix 44

L

Lenkungsausschuss 23
- Pflichten 25
Lenkungsausschusssitzung 55, 141
- Durchführung 59
- Erfolgskriterien 61
- Nachbereitung 60
- Vorbereitung 58
Linienorganisation 13

M

Magisches Dreieck 114
Medien 68
Meetingliste 120
Meilensteine 99
Meilensteinreview 129
MS Project 101

P

Partner, externe 47
- Auswahl 49
- Beauftragung 51
- Steuerung 52, 141

Phasenplan 91
Projektabgrenzung 8
Projektabschluss 133, 144
Projektabschlussbericht 74, 135
Projektabschlusssitzung 135
Projektauftrag 33, 80, 81
- Erstellung 33, 81
Projektauslöser 29
Projektcontrolling 110
Projektdefinition 5
Projektdokumentation 71, 142
- Struktur 73
- Tipps 74
Projektendreview 129
Projekt, kleines 10, 77, 142
- Kickoff 82
- Meeting 82
- Merkmale 79
- Projektauftrag 80
- Projektleiter 81
- zeitliche Planung 83
Projektleiter 16, 30, 121
- Aufgaben 19
- Auswahl 28, 30
- Entlastung 135
- Kompetenzen, methodische 17, 33
- Rechte 18
- soziale Kompetenzen 31, 32
Projektleitung 137
- Grundsätze 139
- Konzeptionsphase 143
- Realisierungsphase 143
- Startphase 140
Projektmarketing 63, 142
- Inhalte 66
- Konzepterstellung 70
- Nutzen 65
- Zielgruppen 66
Projektmentor 26
Projektmitarbeiter 20
- Pflichten 21
Projektorganisation 11
Projektplanung 87, 143
- Ziel 89
Projektreview 109, 127, 144
- Meeting 129
Projektrollen 13
Projektsteuerung 107, 143
- Kosten 115
- Prinzipien 123
- Projektlaufzeit 117
- Qualität/Inhalte 117
- Voraussetzungen 111
- Zeit 116
Projektstrukturplan 92
- Bottom-up 96
- Top-down 95
Projektübergabe 135
Projektvorbereitung 29, 140
Projektziele 35
Protokoll 60

## R

Ressourcenplanung 101
Risikoanalyse 104
Rückwärtsplanung 98

## S

Selbstanzeige 123
Software 100
Spielregeln 84
Statusbericht 121
Steuerungsinstrumente 119
Steuerungskreislauf 112

## T

Terminplanung 96
- Software 100

## V

Vorwärtsplanung 98

## Z

Zielformulierung 36, 81
Zielgruppen 66

# Autoren

Gute Projektarbeit schweißt ein Team zusammen – wenn sie sehr gut war, sogar über Jahre hinweg! Und so musste der Hanser-Verlag die Autoren des »Praxisleitfaden Projektmanagement« zu einer zweiten Auflage ihres Buches nicht überreden. Das frühere Projektteam war sich sofort einig: »Das machen wir!« Dabei war das Projekt, das die Vertreter ganz unterschiedlicher Fachdisziplinen einst zusammengeführt hatte, schon viele Jahre vorbei. Im Auftrag des Vorstandes der ProSiebenSat.1 Media AG hatten sie das Projektmanagement der börsennotierten Mediengruppe standardisiert und daraus später die erste Auflage dieses Buches entwickelt. Der professionelle Umgang, den das Team damals miteinander im Projekt gepflegt hatte, wirkte nach: Gewohnt schnell, direkt und transparent klärten die früheren Kollegen, wer Lust und Kapazitäten hatte, an der zweiten Auflage mitzuwirken, wer welche Aufgaben erledigen würde und wieviel Zeit dafür jeweils zur Verfügung stand. Und das, obwohl die Autoren längst in verschiedenen Städten, Branchen, Unternehmen und Positionen arbeiten und nur noch sporadisch zueinander in Kontakt standen. Projektarbeit ist eben echte Teamarbeit – und wirkt!

**Conny Lang** ist erfahrene Unternehmensberaterin, Trainerin und Coach. Als Beraterin und Mitinhaberin arbeitete sie elf Jahre für die Unternehmensberatung congena, bevor sie 2007 ihr eigenes Beratungsunternehmen IN2IT gründete. Sie folgte damit förmlich Ihrer Berufung, denn privat wie beruflich ist es ihre Leidenschaft, Menschen zu unterstützen und schwierige Situationen zu lösen. Ihre Beratungs- und Trainingsschwerpunkte liegen in den Bereichen Projektmanagement, Führung, Kommunikation, Konflikt, Change und Professionalisierung von Leadershipteams. Ihr Markenzeichen: tough and tender.

**Marita Schöps** vereint in ihrer Firma Marita Schöps Consulting Erfahrung und Erfolge in Projektmanagement, Führung und Kommunikation: In der IT eines börsennotierten Konzerns hat sie das Projekt-, Portfolio- und Prozessmanagement aufgebaut und verantwortet, das interne Kundenbeziehungsmanagement auf neue Grundlagen gestellt und konzernweit unterschiedlichste Projekte geleitet. Als Journalistin, frühere Chefredakteurin eines Nachrichtensenders und Leiterin einer Abteilung für Unternehmenskommunikation ist sie Expertin für die Ansprache unterschiedlichster Zielgruppen. Als Unternehmensberaterin, Trainerin und Coach zählen zu ihren Schwerpunkten das Sicherstellen der Akzeptanz von Projekten, Projektleitern und Projektmanagement in unterschiedlichen Unternehmenskulturen sowie Kommunikation, Moderation und Change Management in Projektumfeldern. Marita Schöps ist zertifiziert im Projektmanagement nach internationalem Standard der IPMA und hat einen Lehrauftrag an der Hochschule Hannover.

**Joachim Drees**, Diplom-Kaufmann, entdeckte seine Begeisterung für das Thema Projektmanagement bei der Leitung konzernweiter Projekte zum integrierten Programmeinkauf und zum Ausbau des Content Sales Bereiches der ProSiebenSat.1 Group. Durch seine vielfältigen Erfahrungen in Führungspositionen, ob als kaufmännischer Leiter eines Free TV-Senders, als Leiter des übergreifenden Controllings aller Sender der ProSiebenSat.1 Group oder durch seine tragende Rolle beim Aufbau der Werbezeitenvermarktung eines Musikfernsehveranstalters, verfügt er über langjährige Erfahrung in der kaufmännischen Steuerung und operativen Führung von Sendeunternehmen. Joachim Drees verantwortet den Einkauf von Programmrechten für Commissioned Productions in der ProSiebenSat.1 Group.

**Bettina Hörmann**, Führungskraft, Personalentwicklerin und Coach, ist seit über 15 Jahren Spezialistin im Bereich Führung, Personal- und Organisationsentwicklung. In der ProSiebenSat.1 Group gründete sie im Jahr 2000 konzernübergreifend den Bereich Aus- und Weiterbildung und etablierte erfolgreich die ProSiebenSat.1 Academy. Hier gestaltet sie Bühnen für innovatives Lernen, Wissensvermittlung und Vernetzung und entwickelt Programme für den Einklang von Arbeit und Privatleben. Sie schwärmt für inspirative Menschen, die sie mit Freude vernetzt und daraus pragmatische Lösungen für den Business Alltag entwickelt. Wahrscheinlich war das auch einer der Gründe, warum sie im Jahre 2007 vom Vorstand den Auftrag erhielt, eine Projektgruppe (bestehend aus dem Autorenteam dieses Buches) zu gründen, die das Projektmanagement innerhalb der ProSiebenSat.1 Group standardisiert und professionalisiert.

**Karin Kleist**, MA Kommunikationswissenschaft, arbeitet seit sechs Jahren in der Unternehmenskommunikation von börsennotierten Konzernen. Nach zwei Jahren im Projektmanagement und einem PR-Volontariat bei der ProSiebenSat.1 Group wechselte sie 2010 zum international führenden Biotech-Zulieferer Sartorius. Seit 2013 leitet sie dort die externe Unternehmenskommunikation und ist für die Außendarstellung des Unternehmens verantwortlich. Als Projektleiterin baute sie bei Sartorius die Kommunikation für eine neue Geschäftssparte auf und steuerte verschiedene Online-Projekte wie den Relaunch und die mobile Optimierung der Konzernhomepage. Klare Kommunikation ist für sie der Schlüssel zu jedem erfolgreichen Projekt.

**Sandra Jörke**, Diplom-Psychologin, Führungskraft und Personalentwicklerin aus Leidenschaft. Seit 2012 ist sie als Department Head People Development für die Personalentwicklung und das Talent Management der 64.000 Mitarbeiter von McDonald‘s Deutschland verantwortlich. Die enge Verknüpfung der Personalentwicklung mit den unternehmerischen Zielen und Strategien liegt ihr besonders am Herzen. Ergebnis sind praxistaugliche und innovative Trainingsformate und Talent-Programme, in denen das Netzwerken und der Spaß am Lernen nie zu kurz kommen. Als Projektleiterin hat sie unter anderem die Neu-Konzeption der Führungskräfte-Entwicklung, den Auf- und Ausbau unternehmensinterner Akademien sowie eine betriebliche Work-Life-Balance-Kampagne erfolgreich verantwortet. Für ihre Arbeit wurde Sandra Jörke bereits zwei Mal für den Business-Performance Award nominiert.

**Josef Wissinger** ist seit 2011 Geschäftsführer des RKW Bayern Rationalisierungs- und Innovationszentrum der Bayerischen Wirtschaft e.V. Neben der Gesamtverantwortung für den Verein begleitet er mit seinem Team unter anderem die über 340 mittelständischen Mitgliedsfirmen. Das RKW Bayern ist seit über 90 Jahren Partner des Mittelstands. Schwerpunkt der Arbeit ist Beratung, Information und Weiterbildung. Der diplomierte Sozialpädagoge mit Schwerpunkten in Systemischer Beratung und Changemanagement war zuvor über fünf Jahre als HR Consultant bei der ProSiebenSat.1 Group tätig. Dort arbeitete er in verschiedenen Projektteams mit und verantwortete unternehmensübergreifende Projekte. Vor seiner Arbeit bei ProSiebenSat.1 war er als Trainer und Berater bei verschiedenen Consulting-Unternehmen in unterschiedlichen Projekten tätig. Dabei stand immer der Mensch im Mittelpunkt!